"十三五"职业教育规划教材

U0662113

机械零件测绘（第二版）

JIXIE LINGJIAN CEHUI

杨文瑜 编

高 红 主审

中国电力出版社

CHINA ELECTRIC POWER PRESS

内 容 提 要

本书为"十三五"职业教育规划教材。

本书从基本理论的储备到各种测量工具的应用,从测绘零件的步骤到绘图方案的选择,从尺寸标注技巧到零件技术要求的编写,形成了一条完整的教学系统。学生通过训练,能够达到教学大纲的要求,也能更好地理解掌握机械制图课程内容。本书主要内容包括:零部件测绘的基本知识、常用量具的使用方法、典型零件的测绘、机械部件的测绘、机械零部件的拆卸与装配、用计算机绘制零件图和装配图。

本书可作为高职高专院校相关专业机械零件测绘课程的教材,也可供工程技术人员参考。

图书在版编目(CIP)数据

机械零件测绘/杨文瑜编. 2版. —北京:中国电力出版社,2018.2(2020.8 重印)

"十三五"职业教育规划教材

ISBN 978 - 7 - 5198 - 1154 - 9

Ⅰ.①机… Ⅱ.①杨… Ⅲ.①机械元件—测绘—职业教育—教材 Ⅳ.①TH13

中国版本图书馆 CIP 数据核字(2017)第 225608 号

出版发行:中国电力出版社

地 址:北京市东城区北京站西街 19 号(邮政编码 100005)

网 址:http://www.cepp.sgcc.com.cn

责任编辑:周巧玲(010 - 63412539)

责任校对:常燕昆

装帧设计:赵姗杉

责任印制:吴 迪

印 刷:北京雁林吉兆印刷有限公司

版 次:2008 年 12 月第一版 2018 年 2 月第二版

印 次:2020 年 8 月北京第十次印刷

开 本:787 毫米×1092 毫米 16 开本

印 张:7.25

字 数:174 千字

定 价:18.00 元

前　　言

随着社会经济的不断发展，各种各样的新产品层出不穷。许多产品是通过测绘国内外同类先进产品，并在其基础上进行改进而得。此外，机械设备的技术改造、技术革新的要求也越来越多，这就要求现场测绘部分零部件图样。机械零件测绘是培养学生掌握零件测绘和装配体测绘的重要环节，是理论与实践相结合的具体实施环节，是强化学生绘图能力的技能训练手段。通过零部件测绘实训，可以为后续相关课程打下基础，同时也是学生走向社会、综合运用所学知识独立解决工程实际问题的重要起点。

目前，机械零件测绘方面较为成熟的教材比较少，为了方便学生的学习、提高学习效果，编者配合教学内容编写了本书。机械零件测绘应安排在机械制图课程之后进行，实训时间为一至二周。

本书针对学生的实际情况，精心设计了一些实验指导内容，从基本理论的储备到各种测量工具的应用，从测绘各种零件的步骤到绘图方案的选择，从尺寸标注技巧到零件技术要求的编写，形成了一条完整的教学系统，使学生通过训练，能够达到教学大纲的要求，也能更好地理解、掌握机械制图的内容。

本书由四川电力职业技术学院杨文瑜编写。全书由沈阳工程学院高红教授主审，并提出了许多宝贵意见和建议，在此表示衷心的感谢。

由于编写水平所限，书中难免会有不足之处，欢迎广大师生批评指正。

编　者
2017 年 8 月

目　　录

第一章 零部件测绘的基本知识

测绘是测量和绘制工程图样的简称。测绘在工程上应用较广，包括大地测绘、建筑测绘、机械零部件测绘等。在无特别说明时，本书中所说的测绘、零部件测绘均指机械零部件测绘。

第一节 零部件测绘的目的和要求

机械零部件测绘是指根据实物，通过测量绘制出零件图和装配图的过程。在工程上，零部件测绘在设计、仿制和机械设备的修配方面起着重要的作用。

设计测绘是为了进行机械产品设计而进行的测绘。尽管设计是先有图样后有实物，而测绘是根据已有的实物再画出图样。但随着社会的进步和技术的发展，许多新产品都是通过借鉴国内外的基本产品，进行重新组合、改进而设计来的。这就需要对那些被借鉴的机械或部件进行测绘。

仿制测绘的目的是模仿他人的产品，或是对已有机械设备进行优化、改造，这也需要对现有的机械设备或零部件进行测绘。

修配测绘是为了对现有旧设备进行修理和更新零部件而进行的测绘。当一台机器中的某个零件损坏或失效，又没有原始图样和资料可查时，就需要对损坏的零部件进行测绘，画出图样，重新加工出符合要求的零部件。

由此可见，零部件测绘是机械工程师的一项基本技能。高等职业院校机械类和近机械类各专业的学生，都应该参加零部件测绘的实训，并把测绘能力的训练作为一项基本技能训练。

零部件测绘实训是训练学生掌握测绘过程、测绘方法和测绘内容的重要教学手段。通过零部件测绘实训，要使学生完成以下能力的训练：

（1）理论联系实际。通过测绘实训，使学生进一步巩固机械制图课程的理论知识，并在测绘实训中加以运用，进而使学生能够把所学的理论知识与工程实际联系起来，达到学以致用的目的。

（2）掌握基本的测绘方法。通过测绘实训，使学生熟悉常用测量工具，掌握常规测量工具的使用方法。

（3）掌握零部件测绘的操作工程。通过对零部件测绘的实训，使学生对机械零部件的测绘有一个完整、清晰的认识，进而掌握零部件测绘的操作过程，为今后的工程实践打下基础。

（4）提高分析问题和解决问题的能力。零部件测绘实训也是学生分析和解决实际工程问题的一次综合训练，包括查找资料的方法和途径、零件视图的选择和表达方案的制订、技术要求的提出和标注、部件的拆卸等。

第二节　零部件测绘的一般步骤

零部件测绘一般有以下几个步骤。

1. 测绘前的准备工作

（1）强调测绘过程中的设备，人身安全注意事项。

（2）领取装配体和测量工具。

（3）准备好绘图工具（如图纸、铅笔、橡皮、小刀等），并做好测绘场地的清洁。

2. 了解测绘对象

仔细阅读测绘指导书，了解测绘对象的名称、用途、性能、工作原理、结构特点及在机械设备或部件中的装配关系和运转关系。

3. 绘制装配示意图

装配示意图是在机械设备或部件拆卸过程中所绘制的记录图样，是绘制装配图和重新进行零件装配的依据。它所表达的内容主要包括各零件之间的相对位置、装配与连接关系、传动路线等。装配示意图的画法没有严格规定，通常用单线条画出零件的大致轮廓，有些零件还可以用一些示意图形表示，如轴承、弹簧等。装配示意图是将装配体看作透明体，既要画出外部轮廓，又要画出内部结构，对各零件的表达一般不受前后层次的限制，其顺序可从主要零件入手，依次按照装配顺序把其他零件逐个画出。装配示意图一般只绘制一至两个视图，两零件接触面之间可留间隙，以便区分不同零件。图1-1（a）所示为螺纹调节支承的立体图，图1-1（b）所示为螺纹调节支承的装配示意图。从图1-1（b）可以看出，底座和套筒有螺纹连接关系，用螺钉固定套筒和支承杆，旋转螺母，支承杆升降。

装配示意图上应按拆卸顺序编写连接序号，并在图样适当位置上按序号注写出零件的名称，也可直接将零件的名称注写在指引线的水平线上。为方便装配，拆卸下的每个零件应写上标签，并在标签上注明与装配示意图一致的序号和名称。

4. 绘制零件草图

零件测绘工作常在机械设备的现场进行，受条件限制，一般先绘制出零件草图，然后根据零件草图整理出零件工作图。零件草图绝不是潦草的图样，而是不借助绘图工具、用目测来估计物体的形状和大小、徒手绘制的图样。零件草图的内容与零件工作图相同，只是线条、字体等为徒手绘制。徒手绘制草图应做到线型分明、比例均匀、字体端正、图面整洁。在讨论设计方案、技术交流及现场测绘中，经常需要快速地绘制出草图，徒手绘制草图的能力也是我们必须掌握的基本技能。

除标准件外，装配体中每一个零件都应根据其内、外结构特点，选择

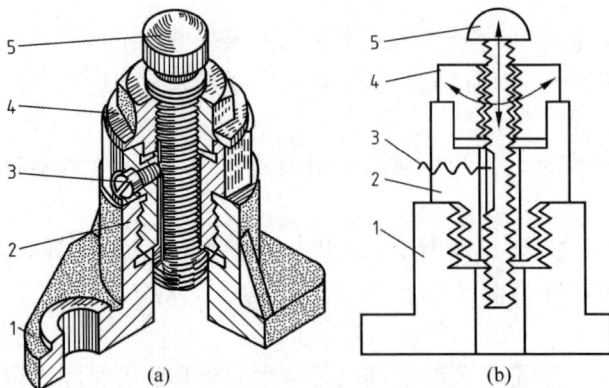

图1-1　螺纹调节支承

（a）螺纹调节支承立体图；（b）螺纹调节支承示意图

1—底座；2—套筒；3—螺钉；4—调节螺母；5—支承杆

恰当的表达方案，并画出零件草图。然后选择尺寸基准，画出应标注尺寸的尺寸界线、尺寸线及箭头，最后通过测量标注尺寸数字。应特别注意尺寸的完整及相关零件之间的配合尺寸或关联尺寸间的协调一致。

5. 绘制装配图

根据装配示意图和零件草图绘制装配图是测绘的主要任务之一。装配图不仅要表达装配体的工作原理、装配关系和主要零件的结构形状，还要检查零件草图上的尺寸是否协调合理。在绘制装配图的过程中，若发现零件草图上的形状或尺寸有错，应及时更正后方可继续绘制。

装配图画好后必须注明该机械或部件的规格、性能以及装配、检验和安装尺寸，还必须用文字说明机械或部件在装配调试、安装使用中必要的技术条件，最后按规格要求填写零件序号、明细栏和标题栏的各项内容。

6. 绘制零件工作图

根据装配图和零件草图绘制零件工作图，应注意每个零件的表达方法要符合《机械制图》中的相关规定；尺寸标注应完整、正确、清晰、合理；零件的技术要求注写采用类比法；最后填写标题栏。

第三节　测绘零件草图的一般要求

测绘零件草图是机械零件测绘中非常重要的一步，是后续拼画装配图和绘制零件工作图的重要依据。因此，在测绘过程中应注意以下几点要求：

一、图样方面的要求

（1）正确选择零件视图的表达方法，所选视图应符合《机械制图》国家标准的有关规定，力求表达方案简洁、清晰、完整，用最少的图形将零件的结构形状表达清楚。

（2）零件草图应具有零件工作图的全部内容，包括一组图形、完整的尺寸标注、必要的技术要求和标题栏。

（3）草图不可理解为"潦草之图"，应做到图形正确、比例匀称、表达清晰、线型分明、工整美观。

二、测量方面的要求

（1）熟悉常用测量工具的使用方法，要充分利用和正确使用现有的测量工具和条件。

（2）应在画出主要图形（按目测尺寸绘制）之后集中测量尺寸。切不可边画图，边测量，边标注。

（3）要注意测量顺序，先测量各部分的定形尺寸，后测量定位尺寸。

（4）测量时应考虑零件各部位的精度要求，将粗略和精度要求高的尺寸分开测量。

（5）对于某些不便直接测量的尺寸（如锥度、斜度等），可利用几何知识进行测量和计算。

三、测量数据的处理要求

1. 优先数和优先数系

设计时，若选定一个数值作为某种零件的参数指标，这个数值就会按照一定的规律，向一切有关的零件传播扩散。例如螺栓尺寸一旦确定，与其相配的螺母尺寸便也确定，进而传播到加工、检验用的机床和量具，随后又传向垫圈、扳手的尺寸等。由此可见，在设计和生产过程中，技术参数的数值不能随意设定，否则，即使只是微小的差别，经过传播扩散后，也会造成尺寸规格繁多、杂乱，最终加大组织现代化生产及协作配套的难度。

因此，在生产实践中，国家标准规定了数值标准——优先数和优先数系。在设计和测绘中遇到数值选择时，特别是在确定零件的参数系列时，必须按标准规定最大限度地采用优先数。

2. 尺寸的圆整和协调

（1）尺寸的圆整。按实物测量出来的尺寸，往往不是整数，所以应对所测量出来的尺寸进行圆整处理。尺寸圆整后，可简化计算，使图形清晰，更重要的是可以采用更多的标准刀具、量具，缩短加工周期，提高生产效率。尺寸圆整的基本原则是：逢 4 舍，逢 6 进，遇 5 保偶数。例如，测量值为 38.4，圆整后取为 38；测量值为 45.6，圆整后取为 46；测量值为 35.5，圆整后取为 36；测量值为 34.5，圆整后取为 34。

（2）尺寸协调。在零件图上标注尺寸时，必须注意把装配在一起的有关零件的测绘结果加以比较，并确定基本尺寸和公差，不仅相关尺寸的数值要相互协调，而且在尺寸的标注形式上也必须采用相同的标注方法。例如，某相配合的孔和轴，若轴的尺寸标注为 $\phi 25g6$，则孔的尺寸标注形式只能为 $\phi 25H7$，不能标注为 $\phi 25^{+0.021}_{0}$。

四、尺寸标注的要求

（1）零部件的直径、长度、锥度、倒角等主要规格尺寸、结构尺寸，都有标准规定，实测后，应选用最接近的标准数值。

（2）根据零件的结构形状，确定它与其他零件之间的联系和工艺要求，正确选择各方向的尺寸基准。

（3）尺寸标注应正确、完整、清晰，力求合理。

（4）对于已有标准规定的工艺结构（如退刀槽、砂轮越程槽、键槽、螺纹、中心孔等），标注尺寸时应查阅相关标准，校对标准结构要素，使标注符合相关规定。

五、技术条件方面的要求

（1）根据零部件的材料、加工方法、使用过程的性能及检验等方面的具体情况，合理制定出技术要求。

（2）比较重要的零件，应在技术要求中注明尺寸公差等级和几何公差等级。表面粗糙度、尺寸公差、几何公差等技术要求的标注应符合相关标准的规定。

（3）对于较重要的铸、锻件，应注明执行的通用技术条件标准代号。

（4）材料热处理要求应合理，标注出的热处理名称、硬度等应符合相关技术标准规定。

第四节　画零件草图的一般步骤

绘制零件草图不仅让我们能进一步理解机械制图课程的重要性，而且是培养我们运用机械制图的基本知识、基本理论，分析问题，解决问题，把理论和实践相结合的重要实训环节之一。

一、画零件草图的一般步骤

1. 画零件草图前的准备工作

（1）准备好绘图的工具、仪器，如铅笔、图纸、橡皮、小刀及所需的量具。

（2）收集产品说明书、样本等资料，弄清楚零件的名称、用途、结构特点，以及它在机器或部件中的装配关系和运转关系。

（3）确定零件的主视图投影方向，所需视图的数量，并定出各视图的表示方法。主视图必须根据零件的形状特征、工作位置和加工位置来选定。视图的数量，在满足充分表达零件形状原则的前提下，越少越好。

2. 画零件草图

（1）选定图幅，定比例。首先用细实线绘制图框，定出标题栏的位置，然后在图框内画出方框，作为每一视图的界线，并保持最大尺寸的大致比例，视图与视图之间必须留出足够的位置，以便标注尺寸。最好选用1∶1的比例画图。

（2）用细点画线作出零件的轴线、基准线和中心线。

（3）用细实线画出零件上的轮廓线和视图的各种表达方法，各视图上同一部分的投影线应在各视图中同时画出，以免漏掉该部分在其他视图上的投影。

（4）校核后，用软铅笔把图线描深，画出剖面线。

（5）确定尺寸标注的基准，画出所有必要的尺寸线、尺寸界限和尺寸线终端。然后具体测量零件尺寸，在尺寸线上标注尺寸数字，注明倒角和退刀槽尺寸、斜度的大小、锥度及螺纹的标记等。

（6）标注表面粗糙度符号，查表填写表面粗糙度数值，标注尺寸公差，还要用文字方式写出对金属材料表面热处理的要求等。

（7）填写标题栏，在其中注明零件的名称，材料、比例、图号等。

二、画零件草图时的注意事项

（1）零件的视图表达要完整，线形分明，尺寸标注正确，表面粗糙度、公差配合、几何公差的选择要合理。

（2）对所有非标准件均要绘制零件草图。标准件可不画零件草图，直接查阅相关技术手册，将其参数列于标准件表中。

（3）草图要忠实于实物，不得随意更改，更不能凭主观猜测，不要把零件上的缺陷部分画在零件草图上，例如铸件上的收缩部分、砂眼、毛刺等，以及加工错误的地方、碰伤或磨损的地方。但零件上的细小结构必须画出，如零件上的铸造圆角、倒角、退刀槽、砂轮越程槽、凸台、凹坑等。

（4）零件的尺寸如直径、长度、锥度、倒角等，若有标准规定的，实测后，应选用最接近的标准数值。对螺纹、键槽、齿轮轮齿等标准结构的尺寸，应把测量的结果与标准值对照，一般均采用标准的结构尺寸，以便制造加工。

（5）有配合关系的尺寸，一般只需测出它的基本尺寸。其配合性质和相应的公差值，应在分析后，查阅有关手册确定；没有配合关系的尺寸或不重要的尺寸，允许将测量所得的尺寸适当圆整，调整到整数值。

（6）为了便于检查测量尺寸的准确性，草图上允许注成封闭尺寸和重复尺寸。

三、徒手画草图的基本方法

1. 握笔的方法

画草图时，手握笔的位置要比用绘图仪绘图时略高些，这样有利于运笔和观察目标。笔杆与纸面呈45°～60°角。持笔要稳而有力，一般选用HB或B的铅笔，最好选用印有方格的图纸画草图。

2. 直线的画法

画直线时，握笔的手要放松，手腕靠着纸面，沿着画线的方向移动，眼睛注视线条的终点方向，便于控制图线。画水平线时，可将图纸转动到画线最为顺手的位置；画垂直线时，自上而下运笔；画斜线时，可以转动图纸到便于画线的位置。画短线，常用手腕运笔；画长线则是手臂动作。图1-2所示分别为画水平线、垂直线、斜线时图纸的放置及运笔姿势。

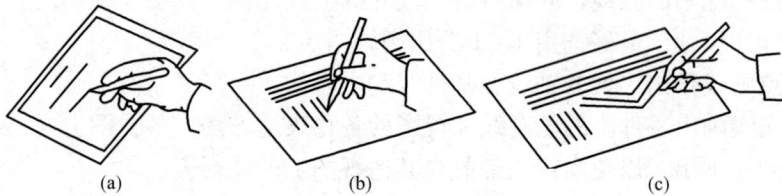

图1-2　直线的画法
（a）水平线；（b）垂直线；（c）斜线

3. 徒手画圆和圆弧

画圆时，应先确定圆心的位置，画出对称中心线，在对称中心线上距圆心等于半径处分别截取四点，过四点画圆即可，如图1-3（a）所示。画直径较大的圆时，除对称中心线以外，可再过圆心画两条不同方向的直线，同样再截取四点，过八点画圆，如图1-3（b）所示。

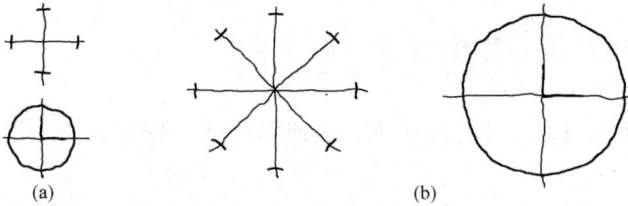

图1-3　圆的画法

4. 徒手画椭圆

已知长、短轴画椭圆：先根据椭圆的长、短轴，目测定出端点的位置，然后过四个端点画一矩形，再连接长、短轴端点与矩形相切画椭圆，如图1-4（a）所示；也可利用外切菱形画四段圆弧构成椭圆，如图1-4（b）所示。

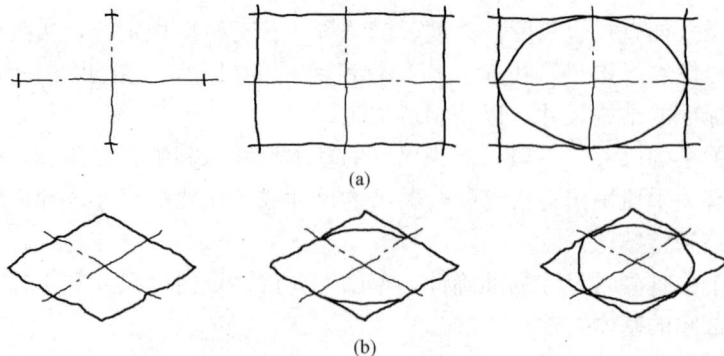

图1-4　椭圆的画法
（a）根据长短轴画椭圆；（b）利用外切菱形画椭圆

5. 常用角度的画法

画 45°、30°、60°等常见角度，可根据两直角边的比例关系，在两直角边上定出几点，然后连接而成，如图 1-5 所示。

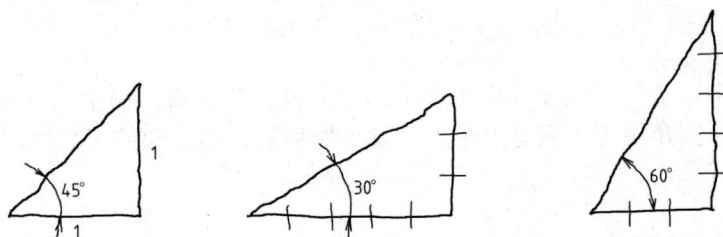

图 1-5　常见角度的画法

第二章　常用量具的使用方法

在零件测绘中，常用的测量工具有钢尺（直尺）、外卡钳、内卡钳、塞尺、游标卡尺、千分尺、螺纹规、圆角规等。只有熟悉上述量具的种类、用途和使用方法，才能很好地完成测量任务。

第一节　测量器具的基本知识

一、测量器具的常用术语

1. 刻度间距

在测量器具的刻度尺上，相邻两条刻度线之间的距离称为刻度间距，也称为刻度间隔。

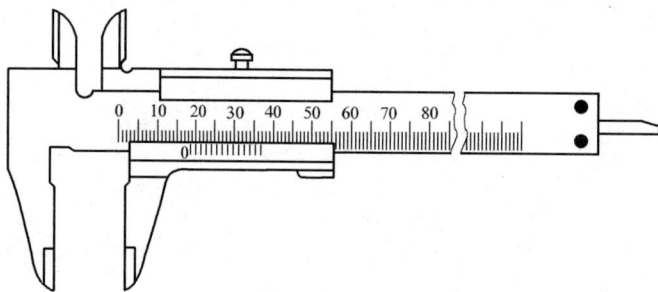

如图 2-1 所示，游标卡尺尺身上相邻两条刻度线之间的距离为 1mm，则尺身的刻度间距为 1mm。

2. 分度值

在测量器具的刻度标尺上，最小格所代表的被测尺寸的数值称为分度值。如图 2-1 所示，游标卡尺的游标每一小格刻度代表的被测尺寸为 0.1mm，则该卡尺的分度值为 0.1mm。

图 2-1　测量器具刻度间距、分度值

3. 示值范围

测量器具所指示的起值到终值的范围称为示值范围。

4. 测量范围

测量器具所能测量的最小尺寸与最大尺寸之间的范围称为测量范围。应注意示值范围与测量范围的区别。

5. 示值误差

测量器具指示的测量值与被测值的实际数值之差，称为示值误差。它是由测量器本身的各种误差所引起的。该误差的大小可以通过测量器具的检定来得到。

6. 修正值（校正值）

当测量器具的示值误差为已知后，用测量值减去（当示值误差为正值时）或加上（当示值误差为负值时）该误差值，便可得到被测量的实际值。

二、测量误差的来源和分类

1. 测量误差的来源

测量误差的来源是多方面的，主要包括以下几点：

（1）标准件误差。对于长度测量器具而言，校准用的量块等器具即为标准件，它们自身的误差将影响被校量具的准确度。

（2）测量方法误差。由于测量方法和被测工件安装方式的不同所引起的误差，或者因量具或被测工件的位置不正确而产生的误差，称为测量方法误差。为了减小因定位而造成的测量方法误差，在测量中应遵守基准面统一的原则。

（3）测量器具误差。影响测量器具误差的因素较多，主要有测量器具的工作原理、结构、制造和调整的水平、测量时操作人员的调整与操作技术水平等。在接触测量时，测量力的大小都会造成一定的误差。因此，一方面要保持一定的测量力，使测量时所施加的测量力尽可能相等；另一方面要求事先对"0"位。

（4）环境条件引起的误差。测量时的环境条件，例如环境温度、湿度、大气压力、空气的清洁度、振动等因素，引起的测量误差即为环境条件引起的误差。在一般测量中，温度变化引起的误差占主要地位。

（5）测量人员引起的误差。测量人员引起的误差主要来自责任心、技术水平、熟练程度，其次是操作人员眼睛的调节能力、分辨能力、操作习惯等。

2. 测量误差的分类

测量误差主要有系统误差、随机误差和粗大误差三种。

（1）系统误差。系统误差又称为规律误差，是在一定的测量条件下，对同一个被测量尺寸和进行多次重复测量时，误差值的大小和符号（正值或负值）保持不变，或者在条件变化时，按一定规律变化的误差。系统误差可以通过试验分析或计算加以确定，若能在测量结果中进行相应的修正，可以减小或消除该误差。

（2）随机误差。随机误差又称为偶然误差，是在相同的测量条件下，对同一个被测量尺寸进行多次重复测量时，误差值的大小和符号要发生变化，但没有一定变化规律的误差。随机误差不能通过试验分析或计算加以确定，也不能用修正的方法加以消除，只能用增加重复测量次数的方法来减小它对测量结果的影响。

（3）粗大误差。粗大误差又称为寄生误差，是指对测量结果发生明显歪曲的一些误差。产生此误差的原因往往是主观因素，包括使用有缺陷的量具，操作时粗心大意，读数、记录、计算的错误等，这些误差又称为疏忽误差。只要发现有粗大误差存在，就应该将此测量数值废弃不用。

第二节　钢直尺、内外卡钳及塞尺

一、钢直尺

钢直尺是最简单的长度量具，它的长度有 150、300、500、1000mm 四种规格。图 2-2 所示为常用的 150mm 钢直尺。

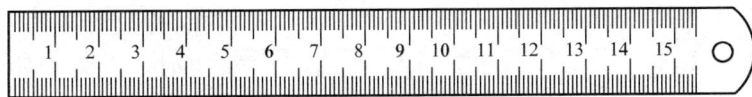

图 2-2　150mm 钢直尺

钢直尺用于测量零件的线性尺寸，如图 2-3 所示。但是，它的测量结果并不太准确。这是由于钢直尺的刻线间距为 1mm，而刻线本身的宽度就有 0.1～0.2mm，所以测量时读数误差比较大，只能读出毫米数，即最小读数值为1mm，而比1mm小的数值，只能估计而得。

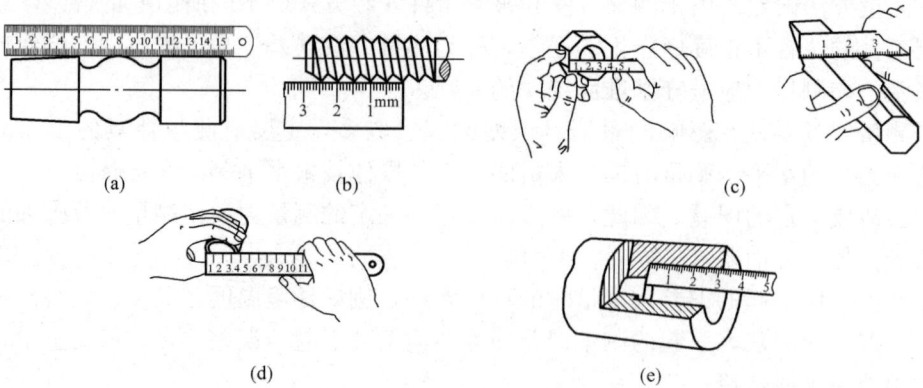

图2-3　钢直尺的使用方法

（a）量长度；（b）量螺距；（c）量宽度；（d）量内孔；（e）量深度

如果用钢直尺直接去测量零件的直径尺寸（轴径或孔径），测量精度更低。这是由于除了钢直尺本身的读数误差比较大以外，同时也无法将钢直尺正好放在零件直径的正确测量位置。所以，零件直径尺寸的测量一般不直接使用钢直尺。

二、内、外卡钳

图2-4所示为常见的两种内、外卡钳。内、外卡钳是最简单的比较量具。内卡钳用来测量内径和凹槽的长度，外卡钳用来测量外径和平面的长度。它们本身都不能直接读出测量结果，而是把测量得到的长度尺寸（直径也属于长度尺寸），在钢直尺上进行读数。

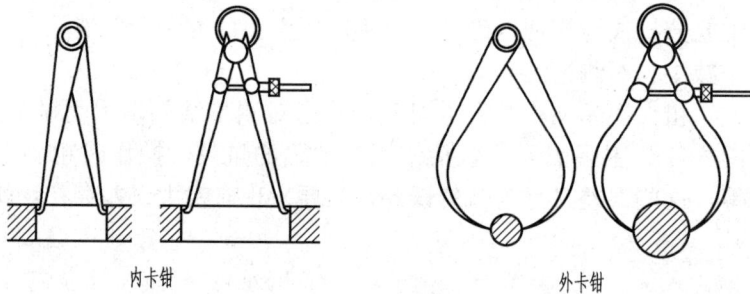

内卡钳　　　　　　　　　　外卡钳

图2-4　内、外卡钳

1. 卡钳开度的调节

钳口形状对卡钳测量的精确性影响很大，应经常对其进行修整。在测量前首先要检查钳口的形状，图2-5所示为卡钳钳口形状对比。调节卡钳的开度时，先将卡钳调整到和工件尺寸相近的开度，然后轻敲卡钳的外侧来减小卡钳的开口，或轻敲卡钳内侧来增大卡钳的开口，如图2-6所示。但是不

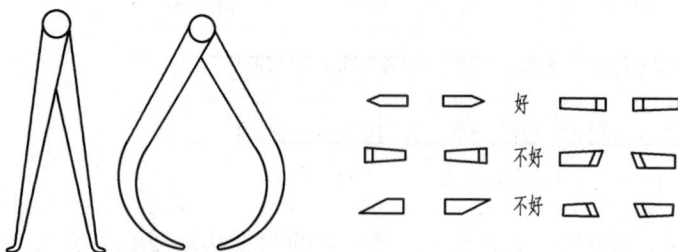

图2-5　卡钳钳口形状对比

能直接敲击卡钳的钳口，这会导致钳口损伤，进而引起测量误差。

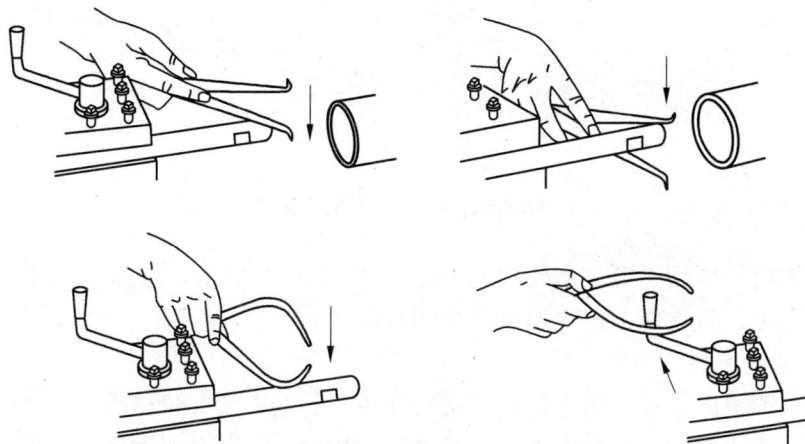

图 2-6　卡钳开度的调节

2. 外卡钳的使用

用外卡钳测量长度尺寸后，在钢直尺上读取尺寸数值时，其中一个钳脚的测量面应靠在钢直尺的端面上，另一个钳脚的测量面对准所需尺寸刻线，且两个测量面的连线应与钢直尺平行，人的视线要垂直于钢直尺，如图 2-7（a）所示。

用外卡钳测量外径尺寸，应使两个测量面的连线垂直于零件的轴线。靠外卡钳的自重滑过零件外圆时，我们手中的感觉应该是外卡钳与零件外圆正好是点接触，此时外卡钳两个测量面之间的距离，就是被测零件的外径。当卡钳滑过外圆时，若手中没有接触感，则说明外卡钳比零件外径尺寸大；当依靠外卡钳的自重不能滑过零件外圆，就说明外卡钳比零件外径尺寸小。因此，用外卡钳测量外径，就是比较外卡钳与零件外圆接触的松紧程度，如图 2-7（b）所示，以卡钳的自重能刚好滑下为合适。切不可将卡钳歪斜地放在工件上进行测量，这样会加大测量的误差。

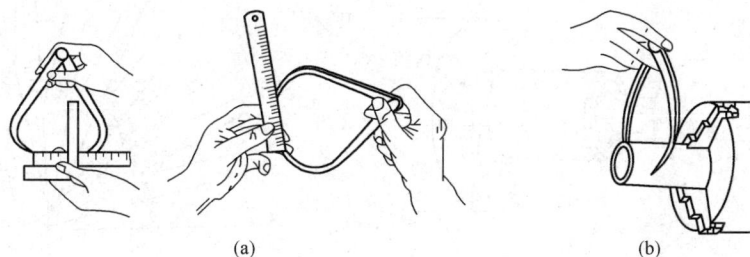

(a)　　　　　　　　　　　　　(b)

图 2-7　外卡钳的使用

3. 内卡钳的使用

用内卡钳测量内径，应使两个钳脚的测量面连线正好垂直相交于内孔的轴线上，即钳脚的两个测量面应是内孔直径的两个端点。因此，测量时应将一个钳脚测量面停留在孔壁上作为支点，另一个钳脚由孔口略往里面一些逐渐向外试探，并沿孔壁圆周方向摆动，当沿孔壁圆周方向能摆动的距离为最小时，表示内卡钳钳脚的两个测量面已处于内孔直径的两个端点上了，如图 2-8 所示。

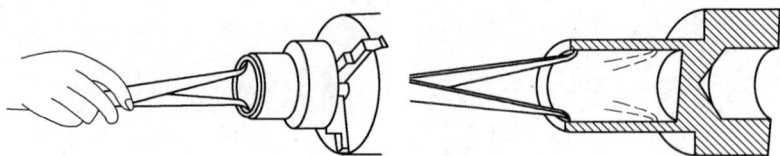

图 2-8　内卡钳测量方法

使用内卡钳时不要用手握住卡钳进行测量，如图 2-9 所示，这样难以比较内卡钳在零件孔内的松紧程度，且易使卡钳变形而产生测量误差。

4. 卡钳的适用范围

卡钳是一种简单的量具，由于它具有结构简单、制造方便、价格低廉、维护和使用方便等特点，广泛应用于要求不高的零件尺寸的测量和检验，尤其是对锻铸件毛坯尺寸的测量和检验，卡钳是最合适的测量工具。

卡钳虽然结构简单，但是若熟练掌握使用要领也可获得较高的测量精度。例如，用外卡钳比较两根轴的直径大小时，即使轴径只相差 0.01mm，有经验的老师傅也能分辨得出。

三、塞尺

塞尺又称厚薄规或间隙片，主要用来检验机床紧固面与紧固面、活塞与气缸、活塞环槽与活塞环、十字头滑板与导板、齿轮啮合间隙等两个结合面之间的间隙大小。

塞尺是由许多层厚薄不等的薄钢片组成的，一般称为"把"，每把塞尺有 13、14、17、20、21 片不等，如图 2-10 所示。考虑到较薄的尺片容易损坏，厚度在 0.05mm 以下的尺片每挡为两片。每把塞尺中的各个尺片均具有两个平行的测量平面，且都有厚度标记，以供组合使用。

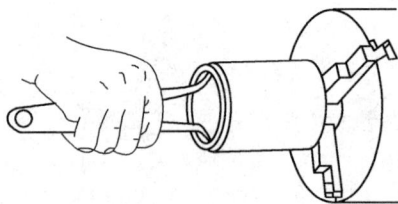

图 2-9　卡钳使用错误方法

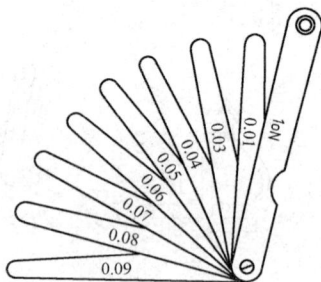

图 2-10　塞尺

测量时，根据结合面间隙的大小，将一片或数片尺片重叠在一起塞进间隙内。例如，用一片 0.03mm 的尺片能插入间隙，而一片 0.04mm 的尺片不能插入，这说明间隙为 0.03～0.04mm。由此可见，塞尺也是一种界限量规。塞尺的规格见表 2-1。

使用塞尺时应注意用力适当，方向合适，不可强行将较厚的塞尺塞入较小的间隙中，以免塞尺弯曲甚至折断。根据结合面间隙情况选用塞尺的片数越少越好。同时，不能用塞尺测量温度较高的工件。

表 2-1 　　　　　　　　　　　　　　 塞 尺 的 规 格

A 型	B 型	塞尺片长度（mm）	片数	塞尺的厚度及组装顺序
组别标记				
75A13	75B13	75	13	0.02，0.02，0.03，0.03，0.04，0.04，0.05，0.05，0.06，0.07，0.08，0.09，0.10
100A13	100B13	100		
150A13	150B13	150		
200A13	200B13	200		
300A13	300B13	300		
75A14	75B14	75	14	1.00，0.05，0.06，0.07，0.08，0.09，0.10，0.15，0.20，0.25，0.30，0.40，0.50，0.75
100A14	100B14	100		
150A14	150B14	150		
200A14	200B14	200		
300A14	300B14	300		
75A17	75B17	75	17	0.50，0.02，0.03，0.04，0.05，0.06，0.07，0.08，0.09，0.10，0.15，0.20，0.25，0.30，0.35，0.40，0.45
100A17	100B17	100		
150A17	150B17	150		
200A17	200B17	200		
300A17	300B17	300		

　　塞尺片很薄，精度也较高，所以应该特别注意日常保护，每次使用后，应用干净的棉布等把尺片擦干净，不要把尺片放置在有油污，特别是有腐蚀性化学物质的地方。如果发现尺片局部有锈蚀，应立即清除，腐蚀较严重的尺片不能使用。

第三节　游 标 卡 尺

　　游标卡尺是测量机械尺寸的通用工具，具有结构简单、使用方便、精度中等、测量范围大等特点，常用来测量零件的外径、内径、长度、宽度、厚度、高度、深度，以及齿轮的齿厚等尺寸，应用范围非常广泛。

一、游标卡尺的种类及结构形式

　　1. 游标卡尺的种类及结构形式

　　游标卡尺分为传统的读格式（简称卡尺）、带表式（简称带表卡尺）和电子数显示（简称数显卡尺）三大类，如图 2-11 所示。

　　2. 游标卡尺的组成

　　现以读格式游标卡尺为例，说明其组成情况，如图 2-11（a）所示。

　　（1）具有固定量爪的尺身 1。尺身上有类似钢尺一样的主尺刻度，主尺上的刻线间距为 1mm。主尺的长度决定游标卡尺的测量范围。

　　（2）具有活动的尺框 3。尺框上有游标 6，游标卡尺的游标读数值可制成为 0.1、0.05 和 0.02mm 三种。游标读数值，就是指使用这种游标卡尺测量零件尺寸时，卡尺上能够读出的最小数值。

　　（3）在 0～125mm 的游标卡尺上，还带有测量深度的深度尺 5。深度尺固定在尺框的背面，能随着尺框在尺身的导向凹槽中移动。测量深度时，应把尺身尾部的端面靠紧在零件的测量基准平面上。

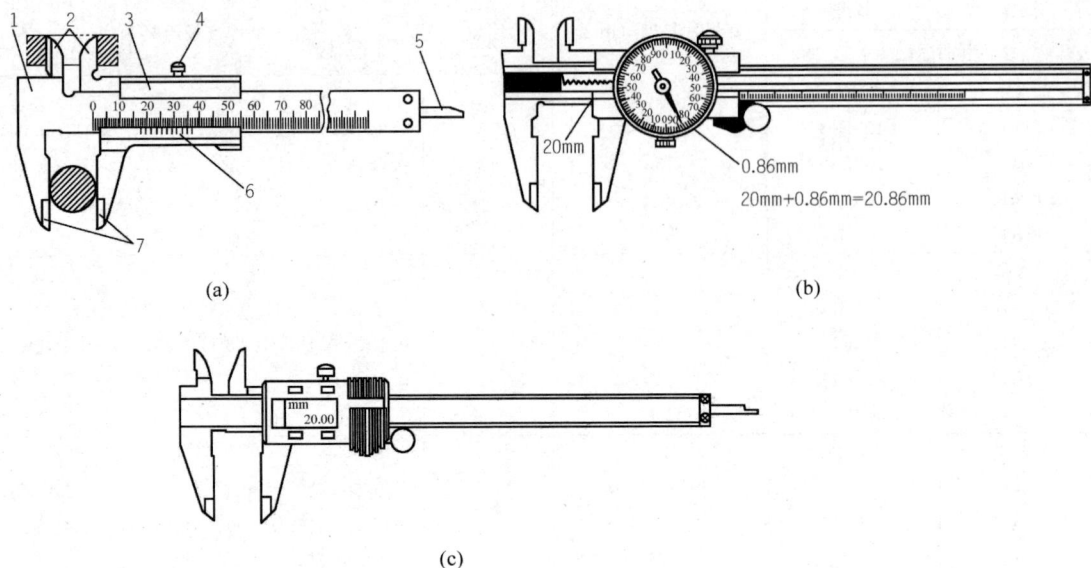

图 2-11　游标卡尺
（a）读格式游标卡尺；（b）带表式游标卡尺；（c）电子数显示游标卡尺
1—尺身；2—上量爪；3—尺框；4—紧固螺钉；5—深度尺；6—游标；7—下量爪

（4）使用游标卡尺时，先拧松紧固螺钉 4，移动尺框 3，此时用力应均匀，动作稍慢一点，活动量爪 2 和 7 就能随着尺框前进或后退，当量爪与被测物体接触良好、拧紧紧固螺钉之后，再进行读数。

目前，我国生产的读格式游标卡尺的测量范围及其游标读数值见表 2-2。

表 2-2　　　　　　　　　读格式游标卡尺的测量范围和游标卡尺读数值　　　　　　　　　mm

测量范围	游标读数值	测量范围	游标读数值
0~25	0.02，0.05，0.10	300~800	0.05，0.10
0~200	0.02，0.05，0.10	400~1000	0.05，0.10
0~300	0.02，0.05，0.10	600~1500	0.05，0.10
0~500	0.05，0.10	800~2000	0.10

二、游标卡尺使用方法

游标卡尺使用得是否合理，不但影响量具本身的精度，而且直接影响零件尺寸的测量精度。所以，我们必须重视游标卡尺的正确使用，对测量技术精益求精，务求获得正确的测量结果，确保产品质量。

1. 外观和相关部件的检查

在使用卡尺之前，必须仔细地检查其外观和相关部件是否符合要求，检查项目应达到以下要求：

（1）卡尺的刻度线和数字应清晰。

（2）不应有锈蚀、磕碰、断裂、划伤和其他影响使用性能的缺陷。

（3）用手轻轻拉或推尺框，尺框在尺身上的移动应平稳，活动要自如，不应有阻滞或松动现象，更不能发生晃动。用紧固螺钉固定尺框时，卡尺的读数不应有所改变。在移动尺框时，不要忘记松开紧固螺钉，但不宜过松，以免脱落。

2. 校对"0"位

正式测量前，必须校对卡尺的"0"位是否准确。用手推动尺框，使外测量爪两测量面紧密接触后，观察游标尺上的"0"刻度线是否与主尺上的"0"刻度线对齐，游标上的尾刻线（最末一根刻度线）与主尺的相应刻度线也对齐。若上述两处都对齐，说明"0"位准确，否则说明"0"位不准确。"0"位不准确的游标卡尺不允许使用，如图 2-12 所示。

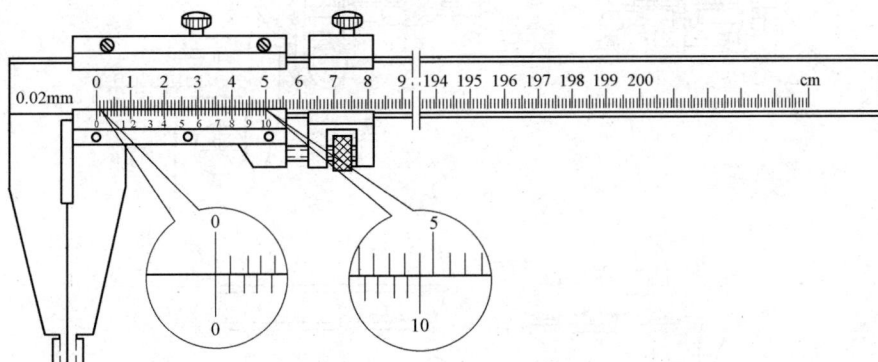

图 2-12 游标卡尺校对"0"位

3. 游标卡尺的使用方法

（1）无论是测量零件上的外部尺寸还是内部尺寸，只要测量条件允许，都不要只使用量爪的部分测量面进行测量，否则不仅会加速量爪的磨损，还会产生较大的测量误差，如图 2-13（a）、（b）所示。

测量外尺寸（特别是外径尺寸）时，应先将两个外测爪之间的距离调整至大于被测尺寸，待推入被测部位后再轻推尺框，使两个外爪面接触到测量面，如图 2-13（c）所示。

测量内尺寸（特别是内径尺寸）时，应先将两个内测爪之间的距离调整至小于被测尺寸，待推入被测部位后再轻轻拉尺框，使两个内爪面接触到测量面，如图 2-13（d）所示。

（2）当测量零件的外部尺寸时，卡尺两测量面的连线应垂直于被测量表面，不能歪斜。测量时，可以轻轻摇动卡尺，放正垂直位置，如图 2-14（a）所示。否则，量爪若在图 2-14（b）所示的错误位置上，将使得测量结果 a 比实际尺寸 b 大。决不可把卡尺的两个量爪调节到接近甚至小于被测尺寸的位置，再强制卡到零件上。这样做会使量爪变形、测量面过早磨损，进而使卡尺失去应有的精度。

（3）测量沟槽时，应当用量爪的平面测量刃进行测量，尽量避免用端部测量刃和刀口形量爪去测量外尺寸。

测量沟槽宽度时，也要放正游标卡尺的位置。应使卡尺两测量刃的连线垂直于沟槽，不能歪斜；否则，量爪若在图 2-15（b）所示的错误位置上，会使测量结果不准确。

错误　　　　　　　正确
(a)

错误　　　　　　　正确
(b)

轻推

轻推

轻推

(c)

轻拉

(d)

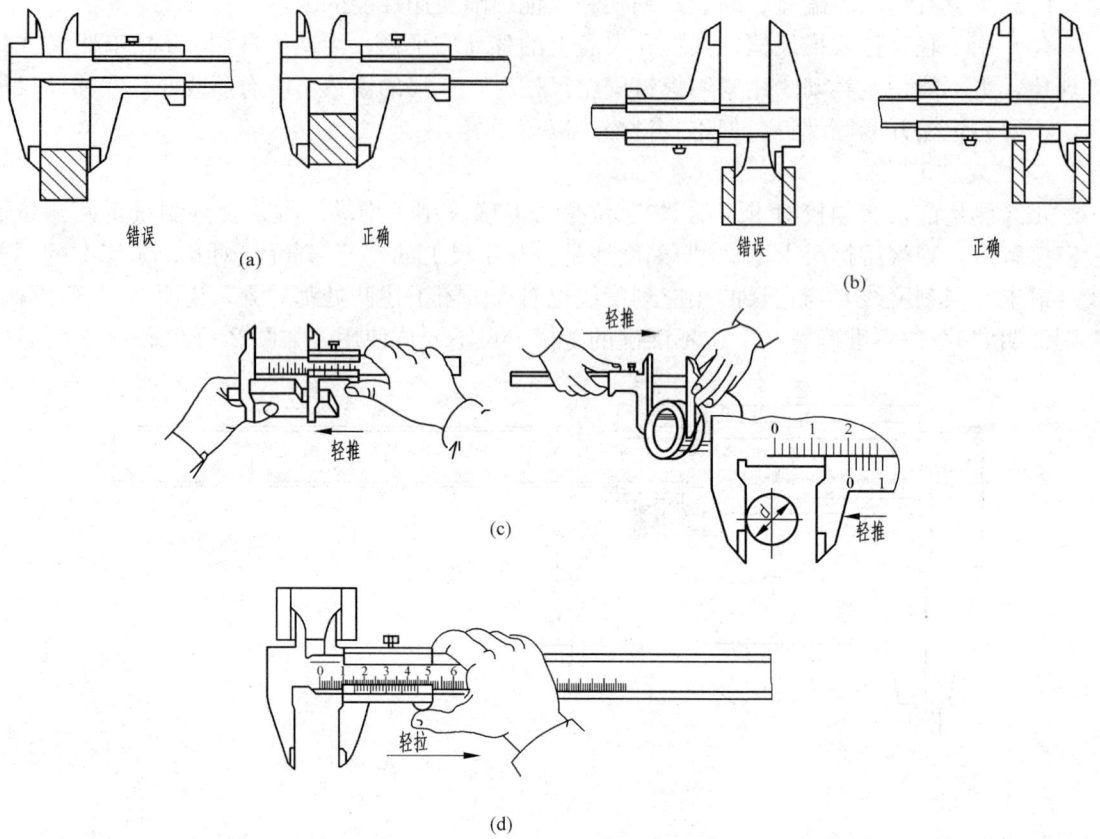

图 2-13　游标卡尺的使用方法

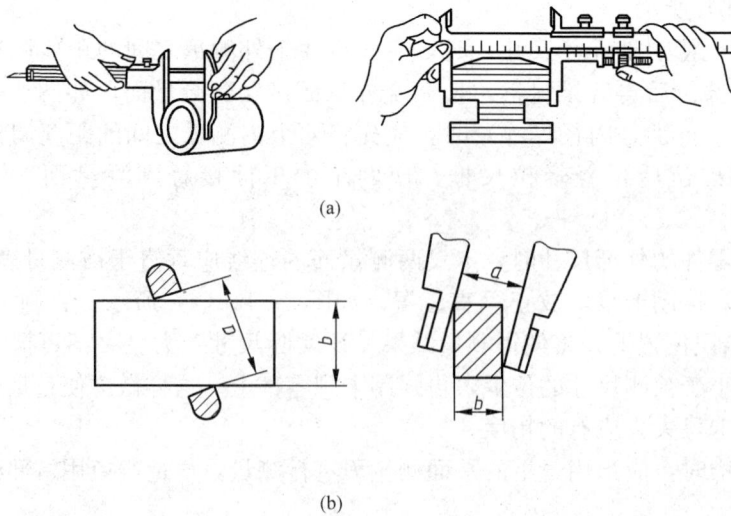

(a)

(b)

图 2-14　测量外尺寸时正确与错误的位置
(a) 正确；(b) 错误

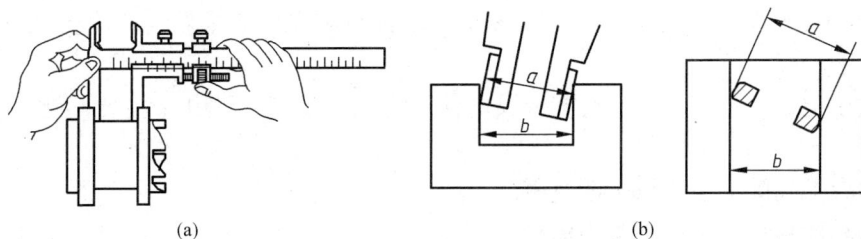

图 2-15　测量沟槽宽度时正确与错误的位置
(a) 正确；(b) 错误

(4) 当测量零件的内部尺寸时，要使两量爪分开的距离小于被测内部尺寸，量爪进入零件内孔后，再慢慢张开并轻触零件内表面，用紧固螺钉固定尺框后，轻轻取出卡尺读数，如图2-16所示。取出量爪时，用力要均匀，并使卡尺沿着孔的中心线方向滑出，不可歪斜，避免使量爪扭伤、变形和受到不必要的磨损，同时会使尺框移动，影响测量精度。

卡尺两测量刃应在孔的直径上，不能偏歪。图 2-17 所示为带有刀口形量爪和带有圆柱面形量爪的游标卡尺，在测量内孔时正确和错误的位置。当量爪在错误位置时，其测量结果，将比实际孔径 D 要小。

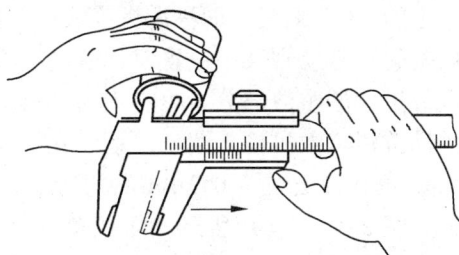

图 2-16　内孔的测量方法

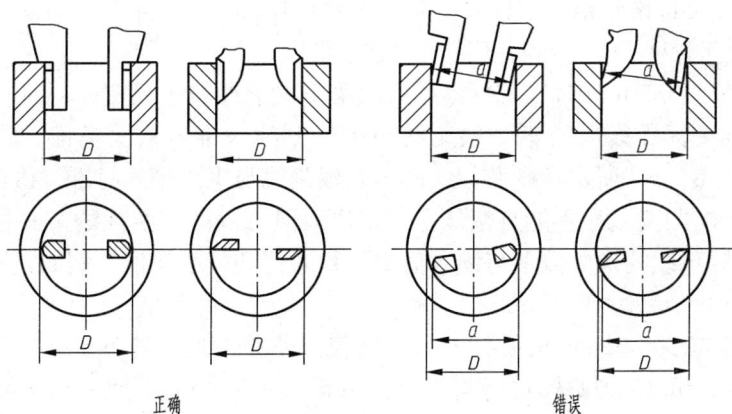

正确　　　　　　　错误

图 2-17　测量内孔时正确和错误的位置

(5) 用游标卡尺测量零件尺寸时，不允许过分施加压力，所用压力应使两个量爪刚好接触零件表面。如果测量压力过大，量爪不但会发生弯曲或磨损，且会产生弹性变形，使测量的尺寸不准确，其外部尺寸小于实际尺寸，内部尺寸大于实际尺寸。

在读数时，应手持卡尺保持水平，朝着光亮的方向，视线尽可能与卡尺的刻线表面垂直，以免由于视线的歪斜造成读数误差。

(6) 为了获得正确的测量结果，可以多测量几次。即在零件同一截面上的不同方向进行测量。对于较长的零件，则应在全长的各个部位进行测量，务求获得一个比较正确的测量结果。

为了便于记忆，更好地掌握游标卡尺的使用方法，现将上述几个主要问题，整理如下，供读者参考。

量爪贴合无间隙，主尺游标两对零。

尺框活动能自如，不松不紧不摇晃。

测力松紧细调整，不当卡规用力卡。

量轴防歪斜，量孔防偏歪。

面对光亮处，读数垂直看。

三、读格式游标卡尺的读数原理和读数方法

读格式游标卡尺的读数机构由主尺和游标两部分组成。当活动量爪与固定量爪贴合时，游标上的"0"刻线（简称游标零线）对准主尺上的"0"刻线，此时量爪间的距离为"0"。当尺框向右移动到某一位置时，固定量爪与活动量爪之间的距离，就是零件的测量尺寸。此时零件尺寸的整数部分，可在游标零线左边的主尺刻线上读出，而比 1mm 小的小数部分，可借助游标读数机构来读出。下面介绍三种游标卡尺的读数原理和读数方法。

1. 游标读数值为 0.1mm 的游标卡尺

如图 2-18（a）所示，主尺刻线间距（每格）为 1mm，当游标零线与主尺零线对准（两爪合并）时，游标上的第 10 刻线正好指向等于主尺上的 9mm 处，而游标上的其他刻线都不会与主尺上任何一条刻线对准。

$$游标每格间距 = 9mm/10 = 0.9mm$$
$$主尺每格间距与游标每格间距之差 = 1mm - 0.9mm = 0.1mm$$

0.1mm 即为此游标卡尺上游标所读出的最小数值。

当游标向右移动 0.1mm 时，游标零线后的第 1 根刻线与主尺刻线对准；当游标向右移动 0.2mm 时，则游标零线后的第 2 根刻线与主尺刻线对准，依次类推。若游标向右移动 0.5mm，如图 2-18（b）所示，则游标上的第 5 根刻线与主尺刻线对准。由此可知，游标向右移动不足 1mm 的距离，虽不能直接从主尺读出，但可以由当游标的某一根刻线与主尺刻线对准时，该游标刻线的次序数乘与读数值的乘积而得到其小数值。例如，图 2-18（b）所示的尺寸即为 $5 \times 0.1mm = 0.5mm$。

另有一种读数值为 0.1mm 的游标卡尺，见表 2-3 图（a）。这种游标卡尺是将游标上的 10 格对准主尺的 19mm，则游标每格间距 = 19mm/10 = 1.9mm，使主尺 2 格与游标 1 格之差 = 2mm - 1.9mm = 0.1mm。这种增大游标间距的方法，其读数原理并未改变，但游标刻线清晰，更便于读数。

在游标卡尺上读数时，首先要看游标零线的左边，读出主尺上尺寸的整数；其次是找出游标上第几根刻线与主尺刻线对准，该游标刻线的次序数乘其游标读

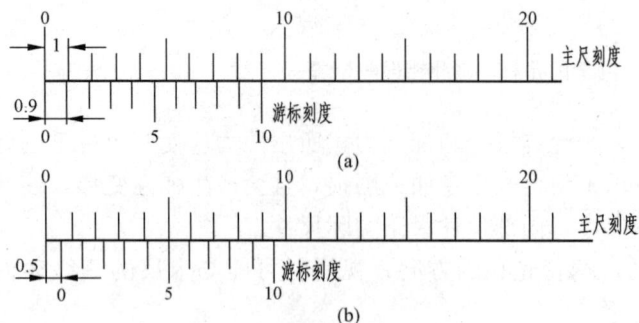

图 2-18　游标读数原理

数值，读出尺寸的小数，整数和小数相加的总值，就是被测零件尺寸的数值。

在表 2-3 图（b）中，游标零线在 2mm 与 3mm 之间，其左边的主尺刻线是 2mm，所以被测尺寸的整数部分是 2mm；再观察游标刻线，这时游标上的第 3 根刻线与主尺刻线对准，所以被测尺寸的小数部分为 $3 \times 0.1mm = 0.3mm$。因此，被测尺寸即为 2mm + 0.3mm = 2.3mm。

2. 游标读数值为 0.05mm 的游标卡尺

如表 2-3 图（c）所示，主尺每小格为 1mm，当两爪合并时，游标上的 20 格刚好等于主尺的 39mm，则游标每格间距 = 39mm/20 = 1.95mm。主尺 2 格间距与游标 1 格间距之差 = 2mm - 1.95mm = 0.05mm，0.05mm 即为此种游标卡尺的最小读数值。同理，也有用游标上的 20 格刚好等于主尺上的 19mm，其读数原理不变。

在表 2-3 图（d）中，游标零线在 32mm 与 33mm 之间，游标上的第 11 格刻线与主尺刻线对准。所以，被测尺寸的整数部分为 32mm，小数部分为 $11 \times 0.05mm = 0.55mm$，被测尺寸为 32mm + 0.55mm = 32.55mm。

表 2-3 游标零位和读数举例

游标零位	读数举例
(a)	(b) 2.3mm
(c)	(d) 32.55mm
(e)	(f) 123.22mm

3. 游标读数值为 0.02mm 的游标卡尺

如表 2-3 图（e）所示，主尺每小格 1mm，当两爪合并时，游标上的 50 格刚好等于主尺上的 49mm，则游标每格间距 = 49mm/50 = 0.98mm。主尺每格间距与游标每格间距之差 = 1mm - 0.98mm = 0.02mm，0.02mm 即为此种游标卡尺的最小读数值。

在表 2-3 图（f）中，游标零线在 123mm 与 124mm 之间，游标上的 11 格刻线与主尺刻线对准。所以，被测尺寸的整数部分为 123mm，小数部分为 $11 \times 0.02 = 0.22mm$，被测尺寸为 123mm + 0.22mm = 123.22mm。

四、游标卡尺的测量精度

测量或检验零件尺寸时，要按照零件尺寸的精度要求，选用相适应的量具。游标卡尺是

表 2-4　　　游标卡尺的示值误差　　　　　mm

游标读数值	示值总误差
0.02	±0.02
0.05	±0.05
0.10	±0.10

一种中等精度的量具，它只适用于中等精度尺寸的测量和检验。用游标卡尺测量精度要求不高的锻铸件毛坯或精度要求很高的零件尺寸，都是不合适的。前者容易损坏量具，后者测量精度达不到要求。任何量具都有一定的示值误差，游标卡尺的示值误差见表 2-4。

　　游标卡尺的示值误差是由游标卡尺本身的制造精度决定的，与使用的正确与否无关。例如，用游标读数值为 0.02mm 的 0～125mm 的游标卡尺（示值误差为±0.02mm），测量 ϕ50mm 的轴时，若游标卡尺上的读数为 50.00mm，实际直径可能是 ϕ50.02mm，也可能是 ϕ49.98mm。这不是使用方法的问题，而是游标卡尺本身的制造精度所允许产生的误差。因此，若该轴的直径尺寸是 IT5 级精度的基准轴 $\phi50_{-0.025}^{0}$mm，则轴的制造公差为 0.025mm，而游标卡尺本身就有着±0.02mm 的示值误差，选用这样的量具去测量，显然无法保证轴径的精度要求。

　　如果受条件限制（如受测量位置限制）无法使用其他精密量具，必须用游标卡尺测量较精密的零件尺寸时，可以用游标卡尺先测量与被测尺寸相当的块规，消除游标卡尺的示值误差（即用块规校对游标卡尺）。若要测量上述 ϕ50mm 的轴，需先测量 50mm 的块规，观察游标卡尺上的读数是否为 50mm。如果不是，则与 50mm 的差值就是游标卡尺的实际示值误差，测量零件时，应把此误差作为修正值。例如，测量 50mm 块规时，游标卡尺上的读数为 49.98mm，即游标卡尺的读数比实际尺寸小 0.02mm，则测量轴径时，应在游标卡尺的读数上加上 0.02mm，才得到轴的实际直径尺寸；若测量 50mm 块规时的读数是 50.01mm，则在测量轴径时，应在读数上减去 0.01mm，才是轴的实际直径尺寸。另外，游标卡尺测量时的松紧程度（即测量压力的大小）和读数误差（即看准是哪一根刻线对准），对测量精度影响也很大。所以，当必须用游标卡尺测量精度要求较高的尺寸时，最好采用与测量相等尺寸的块规相比较。

第四节　螺旋测微量具

　　应用螺旋测微原理制成的量具，称为螺旋测微量具。其测量精度比游标卡尺高，并且比较灵活，多用于加工精度要求较高的场合。常用的螺旋读数量具有百分尺和千分尺。百分尺的读数值为 0.01mm，千分尺的读数值为 0.001mm。工厂习惯将百分尺和千分尺统称为百分尺或分厘卡，目前车间里大量使用的是读数值为 0.01mm 的百分尺。

　　百分尺的种类很多，机械加工车间常用的有外径百分尺、内径百分尺、深度百分尺、螺纹百分尺、公法线百分尺等，分别测量或检验零件的外径、内径、深度、厚度，以及螺纹的中径、齿轮的公法线长度等。

一、外径百分尺的结构

　　各种百分尺的结构大同小异，常使用的外径百分尺是用来测量或检验零件的外径、凸肩厚度及板厚、壁厚等。其中，测量孔壁厚度的百分尺，其量面呈球弧形。百分尺由尺架、测微头、测力装置、制动器等组成。图 2-19 所示为测量范围 0～25mm 的外径百分尺。尺架 1 的一端装有固定测砧 2，另一端装有测微头。固定测砧和测微螺杆的测量面上都镶有硬质合金，提高测量面的使用寿命。尺架的两侧面覆盖着绝热板 12，使用百分尺时，手持绝热板部位，可防止人体的热量影响百分尺的测量精度。

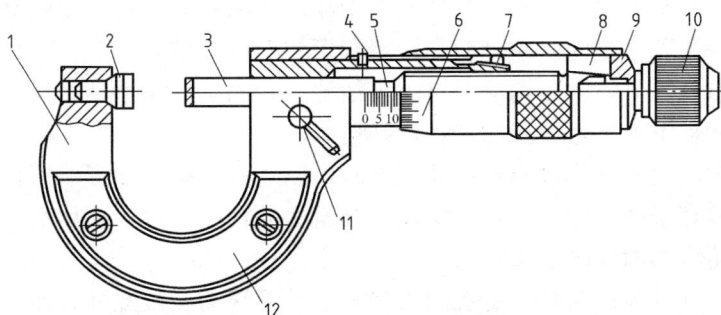

图 2-19　0～25mm 外径百分尺

1—尺架；2—固定测砧；3—测微螺杆；4—螺纹轴套；5—固定刻度套筒；6—微分筒；
7—调节螺母；8—接头；9—垫片；10—测力装置；11—锁紧螺钉；12—绝热板

1. 百分尺测微头结构

图 2-19 中的 3～9 是百分尺的测微头部分。带有刻度的固定刻度套筒 5 用螺钉固定在螺纹轴套 4 上，而螺纹轴套又与尺架紧密结合成一体。在固定套筒 5 的外面有一个带刻度的活动微分筒 6，它用锥孔通过接头 8 的外圆锥面再与测微螺杆 3 相连。测微螺杆 3 的一端是测量杆，并与螺纹轴套上的内孔定心间隙配合；中间是精度很高的外螺纹，与螺纹轴套 4 上的内螺纹精密配合，可使测微螺杆自如旋转而其间隙极小；测微螺杆另一端的外圆锥与内圆锥接头 8 的内圆锥相配，并通过顶端的内螺纹与测力装置 10 连接。当测力装置的外螺纹旋紧在测微螺杆的内螺纹上时，测力装置就通过垫片 9 紧压接头 8，而接头 8 上开有轴向槽，具有一定的胀缩弹性，能沿着测微螺杆 3 上的外圆锥胀大，从而使微分筒 6 与测微螺杆和测力装置结合成一体。当旋转测力装置 10 时，带动测微螺杆 3 和微分筒 6 一起旋转，并沿着精密螺纹的螺旋线方向运动，使百分尺两个测量面之间的距离发生变化。

2. 百分尺的测量范围

百分尺测微螺杆的移动量为 25mm，所以百分尺的测量范围一般为 25mm。为了使百分尺能测量更大范围的长度尺寸，满足工业生产的需要，将百分尺的尺架做成各种尺寸，形成不同测量范围的百分尺。目前，国产百分尺测量范围的尺寸分段为 0～25mm，25～50mm，50～75mm，75～100mm，100～125mm，125～150mm，150～175mm，175～200mm，200～225mm，225～250mm，250～275mm，275～300mm，300～325mm，325～350mm，350～375mm，375～400mm，400～425mm，425～450mm，450～475mm，475～500mm，500～600mm，600～700mm，700～800mm，800～900mm，900～1000mm。

测量上限大于 300mm 的百分尺，也可把固定测砧做成可调式或可换的测砧，从而使此百分尺的测量范围为 100mm。测量上限大于 1000mm 的百分尺，也可将测量范围制成 500mm。目前，国产测量范围最大的百分尺为 2500～3000mm。

二、百分尺的使用方法

百分尺使用得是否正确，对保持精密量具的精度和保证产品质量的影响很大，必须重视量具的正确使用，精益求精，务必获得正确的测量结果，确保产品质量。

使用百分尺测量零件尺寸时，必须注意以下几点：

（1）使用前，应把百分尺的两个测砧面擦干净，转动测力装置，使两测砧面接触，接触面上应无间隙和漏光现象，同时微分筒和固定套筒要对准零位。

（2）转动测力装置时，微分筒应能自由灵活地沿着固定套筒活动，没有任何卡涩和不灵活的现象。如果活动不灵活，应及时送计量站检修。

（3）测量前，应把零件的被测量表面擦干净，以免有脏物存在影响测量精度。绝对不允许用百分尺测量带有研磨剂的表面，以免损伤测量面的精度。也不可用百分尺测量表面粗糙的零件，这样易使测砧面过早磨损。

（4）用百分尺测量零件时，应手握测力装置的转帽转动测微螺杆，使测砧表面保持标准的测量压力，即听到嘎嘎的声音，表示压力合适，并可开始读数。注意，要避免因测量压力不等而产生测量误差。绝对不允许用力旋转微分筒增加测量压力，使测微螺杆过分压紧零件表面，致使精密螺纹因受力过大而发生变形，损坏百分尺的测量精度。

（5）使用百分尺测量零件时，要使测微螺杆与零件被测量的尺寸方向一致。如测量外径时，测微螺杆要与零件的轴线垂直，不要歪斜。测量时，可在旋转测力装置的同时，轻轻晃动尺架，使测砧面与零件表面接触良好，如图 2-20 所示。

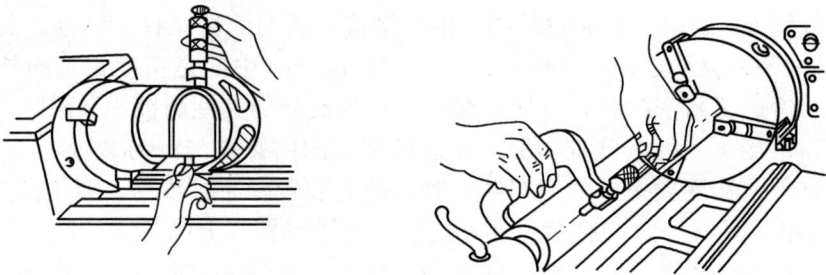

图 2-20　在车床上使用外径百分尺的方法

（6）用百分尺测量零件时，最好在零件上进行读数。如果必须将百分尺取下读数，应用制动器锁紧测微螺杆后，再轻轻滑出零件进行读数。把百分尺当卡规使用是错误的，这样做不但易使测量面过早磨损，甚至会使测微螺杆或尺架发生变形而失去精度。

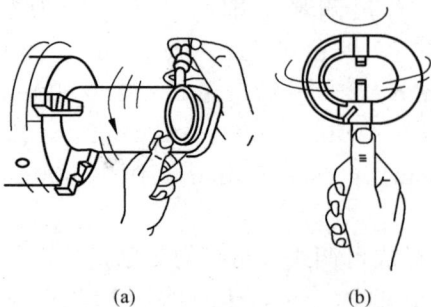

图 2-21　百分尺的错误使用方法
（a）不应用百分尺测量旋转运动中的工件；
（b）不应握着微分筒挥转

（7）为了获得正确的测量结果，可在同一位置上二次测量。尤其是测量圆柱形零件时，应在同一圆周的不同方向多次测量，检查零件外圆是否有圆度误差；再在全长的各个部位进行测量，检查零件外圆是否有圆柱度误差等。

（8）不要测量超常温的工件，以免产生读数误差。

值得注意的是以下几种使用外径百分尺的错误方法：用百分尺测量旋转运动中的工件，很容易使百分尺磨损，而且测量也不准确；贪图快一点得出读数，握着微分筒挥转等，这同碰撞一样，也会破坏百分尺的内部结构，如图 2-21 所示。

三、百分尺的工作原理和读数方法

1. 百分尺的工作原理

外径百分尺的工作原理就是应用螺旋读数机构，它包括一对精密的螺纹（见图 2-19 中的测微螺杆 3 与螺纹轴套 4）和一对读数套筒（见图 2-19 中的固定套筒 5 与微分筒 6）。

用百分尺测量零件的尺寸，就是将被测零件置于百分尺的两个测砧面之间，所以两测砧面之间的距离，就是零件的测量尺寸。当测微螺杆在螺纹轴套中旋转时，由于螺旋线的作用测量螺杆轴向移动，使两测砧面之间的距离发生变化。若测微螺杆按顺时针的方向旋转一周，两测砧面之间的距离就缩小一个螺距；同理，若按逆时针方向旋转一周，则两砧面的距离就增大一个螺距。常用百分尺测微螺杆的螺距为 0.5mm，当测微螺杆顺时针旋转一周时，两测砧面之间的距离缩小 0.5mm；当测微螺杆顺时针旋转不到一周时，缩小的距离就小于一个螺距，它的具体数值，可从与测微螺杆结成一体的微分筒圆周刻度上读出。微分筒的圆周上刻有 50 个等分线，当微分筒转动一周时，测微螺杆就推进或后退 0.5mm，微分筒转过它本身圆周刻度的一小格时，两测砧面之间移动的距离为 0.5mm/50＝0.01mm。由此可知，百分尺的读数值为 0.01mm。

2. 百分尺的读数方法

在百分尺的固定套筒上刻有轴向中线作为微分筒读数的基准线。另外，为了计算测微螺杆旋转的整数转，在固定套筒中线的两侧，刻有两排刻线，刻线间距均为 1mm，上、下两排相互错开 0.5mm。

百分尺的具体读数方法可分为三步。

（1）先读整数。读出固定套筒上露出的刻线尺寸，一定要注意不能遗漏应读出的 0.5mm 刻线值。

（2）再读小数。读出微分筒上的尺寸，要看清微分筒圆周上哪一格与固定套筒的中线基准对齐，将格数乘 0.01mm 即得微分筒上的尺寸。

（3）将上面两个数相加，即为百分尺上测得尺寸。

如图 2-22（a）所示，在固定套筒上读出的尺寸为 8mm，微分筒上读出的尺寸为 27（格）×0.01mm ＝0.27mm，以上两数相加得被测零件的尺寸为 8.27mm；如图 2-22（b）所示，在固定套筒上读出的尺寸为 8.5mm，在微分筒上读出的尺寸为 27（格）×0.01mm＝0.27mm，以上两数相加得被测零件的尺寸为 8.77mm。

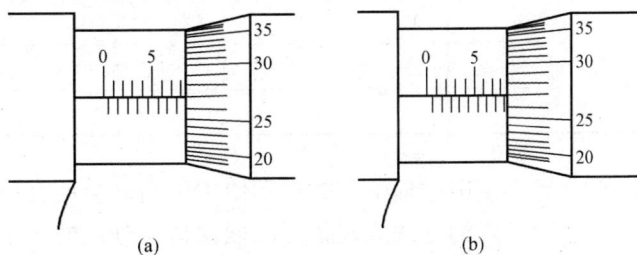

图 2-22　百分尺的读数

百分尺的读数示例如图 2-23 所示。

四、百分尺的精度及零位的校对

1. 百分尺的精度

百分尺是一种应用范围很广的精密量具，按其制造精度可分为 0 级和 1 级两种，其中，0 级精度较高，1 级次之。百分尺的制造精度，主要由其示值误差和测砧面平面平行度公差的大小来决定，小尺寸百分尺的精度要求见表 2-5。从百分尺的精度要求可知，用百分尺测量IT6～IT10级精度的零件尺寸较为合适。

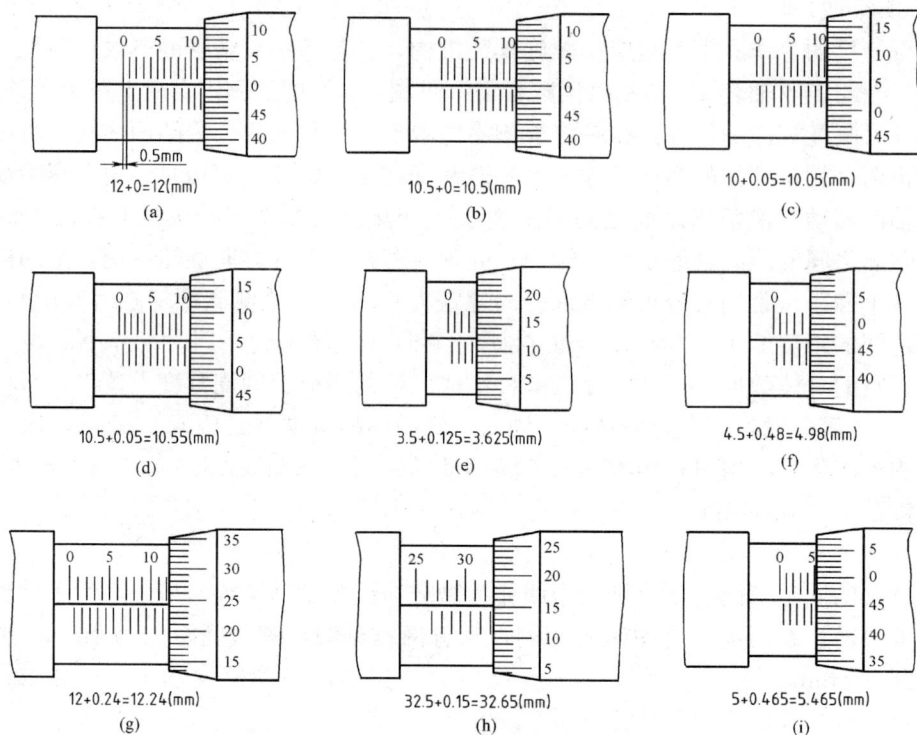

12+0=12(mm)
(a)

10.5+0=10.5(mm)
(b)

10+0.05=10.05(mm)
(c)

10.5+0.05=10.55(mm)
(d)

3.5+0.125=3.625(mm)
(e)

4.5+0.48=4.98(mm)
(f)

12+0.24=12.24(mm)
(g)

32.5+0.15=32.65(mm)
(h)

5+0.465=5.465(mm)
(i)

图2-23　百分尺的读数示例

表2-5　　　　　　　　　　　　百分尺的精度要求　　　　　　　　　　　　　　mm

测量上限	示值误差		两测量面平行度	
	0级	1级	0级	1级
15；25	±0.002	±0.004	0.001	0.002
50	±0.002	±0.004	0.0012	0.0025
75；100	±0.002	±0.004	0.0015	0.003

百分尺在使用过程中，磨损和使用不当，会使百分尺的示值误差超差，所以应定期进行检查，进行必要的拆洗或调整，以便保持百分尺的测量精度。

2. 百分尺零位的校对

百分尺如果使用不妥，零位就会变动，致使测量结果不正确，造成产品质量事故。所以，在使用百分尺的过程中应校对百分尺的零位。所谓"校对百分尺的零位"，就是把百分尺的两个测砧面擦干净，转动测微螺杆使它们贴合在一起，检查微分筒圆周上的"0"刻线是否对准固定套筒的中线，微分筒的端面是否正好使固定套筒上的"0"刻线露出来。如果两者位置都是正确的，就认为百分尺的零位是对的；否则就要进行校正，使之对准零位。

第五节　测量零件尺寸的方法

　　测量尺寸用的简单工具有直尺、外卡钳和内卡钳，而测量较精密的零件时，要用游标卡尺、千分尺或其他工具。直尺、游标卡尺和千分尺上有尺寸刻度，测量零件时可直接从刻度上读出零件的尺寸。用内、外卡钳测量时，必须借助直尺才能读出零件的尺寸。

一、线性尺寸的测量

1. 测量直线尺寸

　　一般用直尺、游标卡尺或深度尺直接测量尺寸大小，必要时可借助直角尺或三角板配合进行测量，如图 2-24 所示。

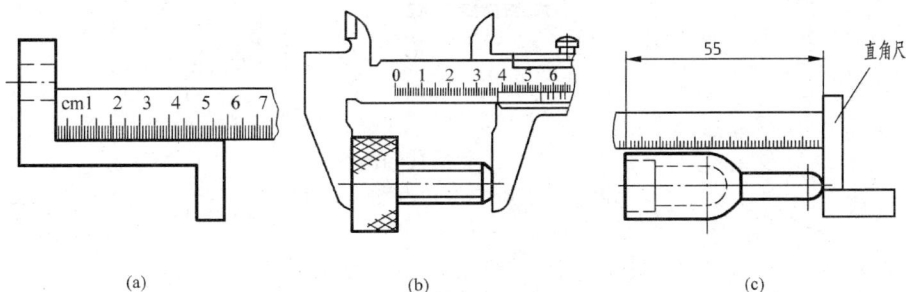

图 2-24　测量直线尺寸
（a）用直尺直接测量；（b）用游标卡尺直接测量；（c）用直尺和直角尺配合测量

2. 测量直径尺寸

　　通常用内外卡钳或游标卡尺直接测量直径尺寸，必要时也可使用内、外径千分尺。测量时应使两测量点的连线与回转面的轴线垂直相交，以保证测量精度，如图 2-25 所示。

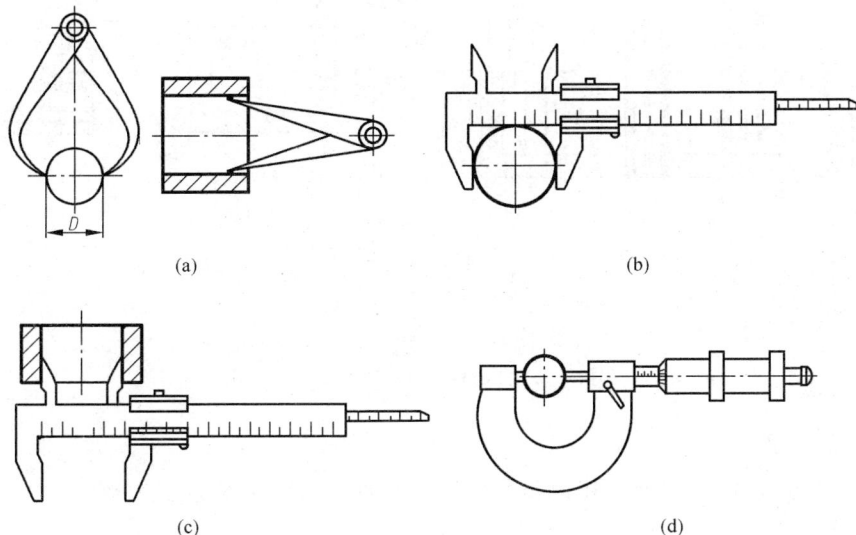

图 2-25　直径尺寸的测量
（a）内、外卡钳测直径；（b）、（c）游标卡尺测直径；（d）外径千分尺测直径

在测量阶梯孔的直径时，会遇到外孔小、内孔大的情况，则用游标卡尺无法测量大内孔的直径。这时，可用内卡钳测量，见图 2 - 26 (a)，也可用特殊量具（内外同值卡尺）进行测量，见图 2 - 26 (b)。

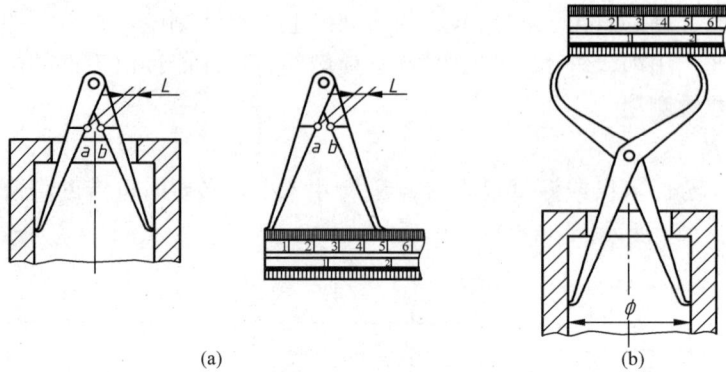

图 2 - 26　测量孔的内径
(a) 用内卡钳测量；(b) 用内外同值卡尺测量

3. 测量壁厚

一般可用直尺测量壁厚，如图 2 - 27 (a) 所示。若孔径较小时，可用带测量深度的游标卡尺测量，如图 2 - 27 (b) 所示；有时也会遇到用直尺或游标卡尺都无法直接测量的壁厚，这时则需用卡钳直尺配合进行测量，如图 2 - 27 (c)、(d) 所示。

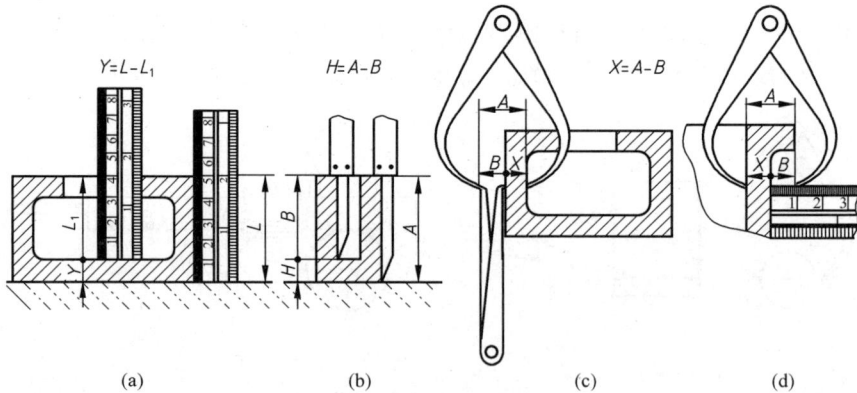

图 2 - 27　测量壁厚
(a) 用直尺测量；(b) 用游标卡尺测量；(c)、(d) 用卡钳测量

4. 测量孔间距

可利用直尺、游标卡尺或卡钳测量孔间距，如图 2 - 28 所示。

5. 测量中心高

一般可用直尺、卡钳或游标卡尺测量中心高，如图 2 - 29 所示。

$$L = A + D_1/2 + D_2/2$$

$$L = A + D$$

(a)

(b)

$$D = K + d = D_0$$

(c)

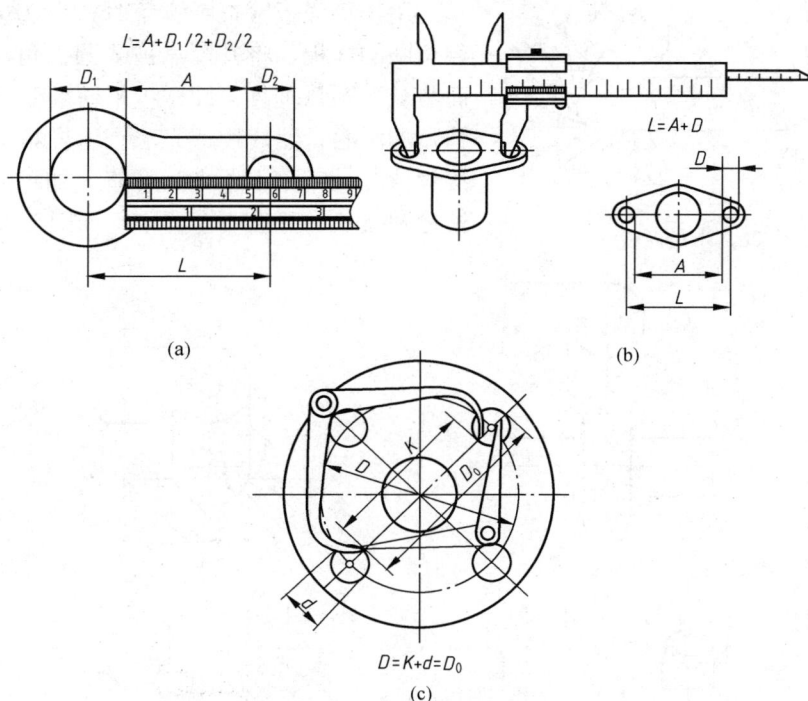

图 2-28　测量孔间距

（a）用直尺测量；（b）用游标卡尺测量；（c）用卡钳测量

二、非线性尺寸的测量

1. 测量圆角

检查圆弧半径尺寸是否合格的量规称为半径样板或圆角规。半径样板分为检查凸形圆弧和凹形圆弧两种。半径样板成套地组成一组，根据半径范围，常用的有三套，每组由凹形和凸形样板各 16 片组成，最小的为 1mm，每隔 0.5mm 增加一挡，到 20mm 为止，然后每隔 1mm 增加一挡，到 25mm 为止。具体尺寸见表 2-6。每片样板都是用 0.5mm 厚的不锈钢板制成，如图 2-30 所示。

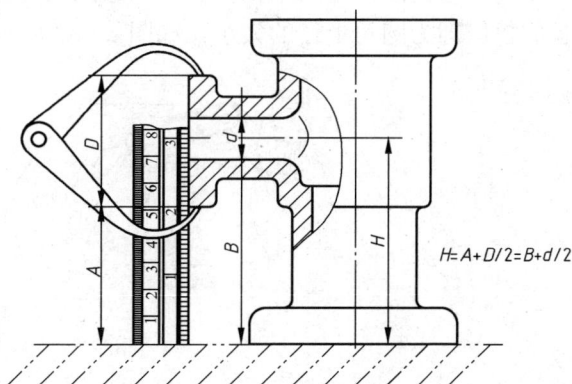

$$H = A + D/2 = B + d/2$$

图 2-29　测量中心高

表 2-6　　　　　　　　　成套半径样板的尺寸　　　　　　　　　　mm

样板组半 径范围	样板半径尺寸															
1～6.5	1	1.25	1.5	1.75	2	2.25	2.5	2.75	3	3.5	4	4.5	5	5.5	6	6.5
7～14.5	7	7.5	8	8.5	9	9.5	10	10.5	11	11.5	12	12.5	13	13.5	14	14.5
15～25	15	15.5	16	16.6	17	17.5	18	18.5	19	19.5	20	21	22	23	24	25

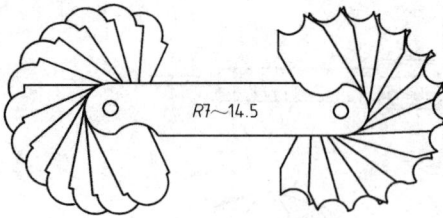

图 2-30　半径样板

用半径样板检查圆弧角时，先选择与圆弧角半径相同的样板，将其紧靠被测圆弧角，要求样板平面与被测圆弧垂直，即样板平面的延伸面通过被测圆弧的圆心；然后用透光法查看样板与被测圆弧的接触情况，完全不透光为合格，如果透光，则说明被检圆弧角的弧度不合要求，如图 2-31 所示。

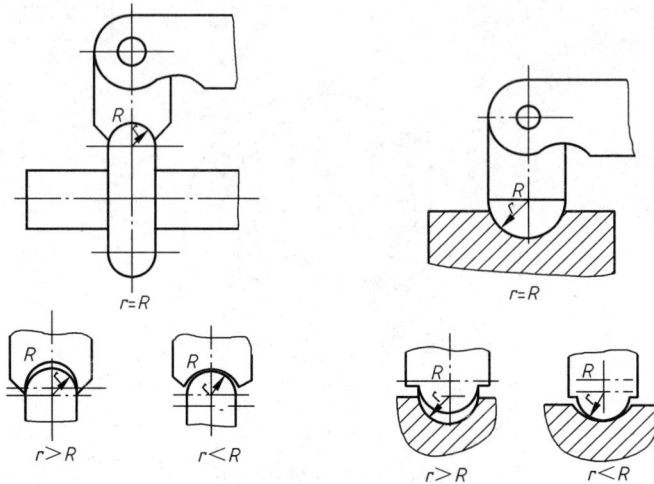

图 2-31　半径样板使用方法

　　若要测量出圆弧角的未知半径，则选用近似的样板与被测圆弧相靠，完全吻合时，该片样板的数值即为圆角半径的大小，如图 2-32 所示。

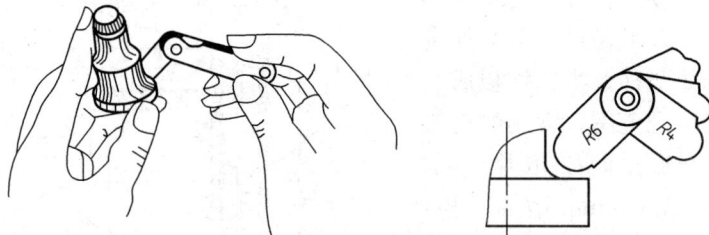

图 2-32　测量圆角

2. 测量螺纹

　　检查低精度螺纹工件的螺距、牙型时，可采用螺纹样板。螺纹样板也是成套供应，即由多种标准螺纹牙型样板组成，在每一个样板上标注着各自的螺距，每片样板均采用 0.5mm 厚的不锈钢板制成。

　　首先，目测螺纹的线数和旋向。

　　然后，目测螺纹的螺距，选一片螺纹样板在被测螺纹上试卡，如果完全吻合，没有透光现象，说明被测螺纹的螺距、牙型合格；如果样板牙型与被测螺纹的牙型表面不密合，则换一个与之尺寸相近的样板试卡，直到密合为止。此时，样板所标注的螺距即为实际螺距，如图 2-33 所示。

知道螺距后，用游标卡尺直接测出螺纹的大径和长度。最后查对标准手册，核对牙型、螺距和大径，确定螺纹标记。

3. 测量曲线或曲面

测量曲线或曲面时，若测量精度要求较高，应使用专用的测量仪器；若测量精度要求不高，对一些不容易测量的部位，还可采用以下方法进行测量：

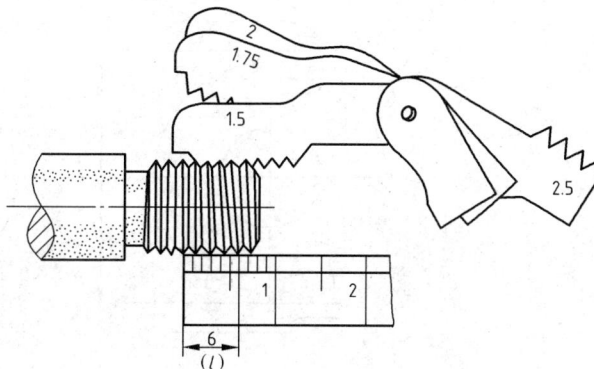

图 2-33　螺距的测量

（1）拓印法：对于平面与曲面相交的曲线轮廓，可以先用纸拓印出轮廓，得到真实的曲线形状后，用铅笔描深，然后判定该曲线的曲线轮廓，确定切点，找到各段圆弧的中心，再测出半径值，如图 2-34（a）所示。

（2）铅丝法：测量回转面零件的母线曲率半径时，可以先用铅丝贴合其曲面弯成母线形状，再描绘到纸上，然后进行测量，如图 2-34（b）所示。

（3）坐标法：一般的曲线和曲面都可以用直尺和三角板定出曲面上各点的坐标，进而在纸上画出曲线，然后测出曲率半径，如图 2-34（c）所示。

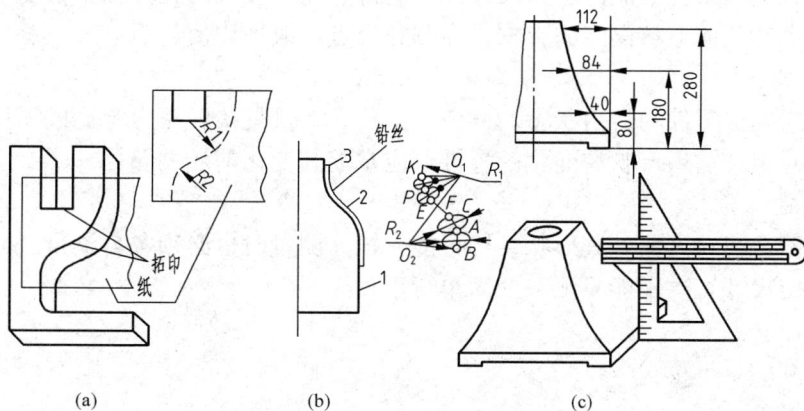

图 2-34　测量曲线和曲面
（a）拓印法；（b）铅丝法；（c）坐标法

4. 直齿圆柱齿轮参数的测量

标准齿轮啮合角 $\alpha = 20°$，无需测量。齿轮的齿数 z 可以根据实物数出来。齿顶圆直径 d_a 必须测量。齿数为奇数或偶数时，齿顶圆的测量方法不同。若齿数为偶数，可直接利用直尺或游标卡尺量出，如图 2-35（a）所示。若齿数为奇数，由于齿顶对齿槽，所以无法直接测量，带孔齿轮可按如图 2-35（b）所示的方法测出 D 和 H，然后由 $d_a = D + 2H$ 计算出齿顶圆直径 d_a，齿轮模数 $m = d_a / (z+2)$。同时，计算出的模数应与标准齿轮模数相比，取相同或最接近的模数值，计算其他参数。

另外，在测绘零件时应勤于动脑，充分利用现有的工具和条件，并结合所有可以利用的知识进行测量和计算。

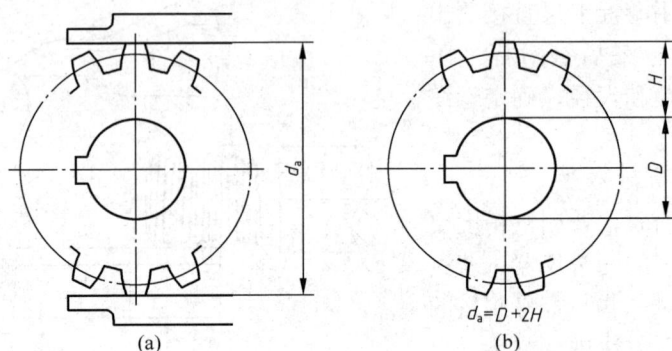

图 2-35　测量齿顶圆
（a）偶数齿；（b）奇数齿

三、尺寸测量注意事项

1. 尺寸数字的标注

在零件草图上标注的所有尺寸数字，一律标注实际测量锁定的尺寸数值。

2. 要正确处理实测数据

对于关键零件的尺寸和各零件的重要尺寸，应反复测量多次，然后记录其平均值。一般，总尺寸应直接测量，不能由中间尺寸计算而得。在对较大的孔、轴、长度等尺寸进行测量时，必须考虑其几何形状误差的影响，多测几个点，取平均值。

3. 零件测绘状态

测量时，应确保零件的自由状态，避免由于装夹、量具接触压力等造成零件变形而引起的测量误差。对组合前后形状有变化的零件，应掌握其变化前后的差异。

4. 配合面的测量

两零件有配合或在连接处其形状结构可能一样，测量时也必须各自测量、分别记录，然后相互检查确定尺寸，决不能只测一处简单行事。

第三章 典型零件的测绘

由于零件在机械或部件中的作用和位置不同，其结构形状也千差万别，表达方法不尽相同。为了更好地掌握零件测绘过程中不同表达方法的特点，本章将一些结构形状类似、表达方法和尺寸标注有一些共同点的非标准零件进行必要的分类，分别讨论。

第一节 轴套类零件的测绘

一、轴套类零件的作用与结构

轴套类零件是机械、部件上的重要零件之一，主要用来支承传动零件（如齿轮、皮带轮等）和传递动力；套类零件一般装在轴上或孔中，用来定位、支承、保护传动零件。

轴类零件是旋转零件，一般由外圆柱面、圆锥面、螺纹及相应的端面所组成。轴上常见结构还有键槽、倒角、退刀槽、砂轮越程槽、孔、花键、切槽等。根据作用和结构形状，轴有光轴、螺纹轴、阶梯轴、曲轴、齿轮轴、花键轴等多种形式。

轴套类零件的主要表面是同轴度较高的内、外回转面，其轴向尺寸一般大于径向尺寸。

二、轴套类零件的视图选择

轴套类零件一般都在车床上加工，其主视图应根据加工位置原则和形状特征原则选择。如图 3-1 所示，通常只画一个非圆的主视图（一般为视图，必要时可采用局部剖），轴线水平放置，大头朝左，其上孔、槽等结构朝前或朝上放置；轴上的孔、槽等结构多采用移出断面图或局部剖视图表达，退刀槽、圆角等细小结构则用局部放大图表达；当轴较长时，可采用折断画法。

三、轴套类零件的尺寸注法

（1）安装的主要端面（轴肩）是长度方向的主要基准，轴的两端一般作为测量的基准，以轴线或两支承点的连线作为径向基准。

（2）主要尺寸应首先注出，其余各段长度尺寸多按车削加工顺序注出，轴上的局部结构多数是根据临近轴肩定位。

图 3-1 轴的表达方法

（3）为了使标注的尺寸清晰，便于识图，宜将剖视图上的内、外尺寸分开标注，将车、铣、钻等不同工序的尺寸分开标注。

（4）对轴上的倒角、退刀槽、砂轮越程槽、键槽、中心孔等结构，应查阅有关技术资料之后再进行标注。

四、轴套类零件的材料和技术要求

1. 轴类零件的材料

（1）通常轴类零件多采用 35、45 优质碳素结构钢，其中，45 钢应用最为广泛，一般进

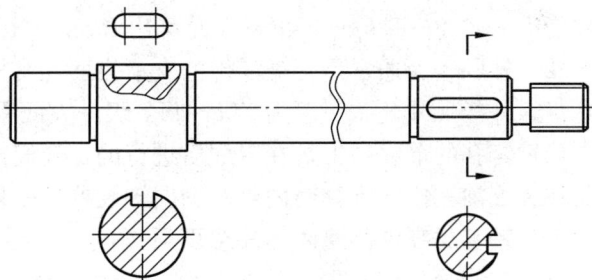

行调质处理硬度达到 230～260HBS。

（2）不太重要或受力较小的轴可用 Q255、Q275 等碳素结构钢。

（3）受力较大、强度要求高的轴可用 40Cr 钢，调质处理硬度达到 230～240HBS 或淬硬到 35～42HRC。

（4）高速、重载条件下的轴，选用 20Cr、20CrMnTi、20Mn2B 等合金结构钢，经渗碳淬火或渗氮处理，获得高表面硬度。

2. 套类零件的材料

（1）套类零件一般用钢、铸铁、青铜或黄铜制造。

（2）孔径小的套筒，一般选用热轧或冷拉棒料。孔径大的套筒，常用无缝钢管或带孔的铸、锻件。

3. 轴类零件的技术要求

（1）尺寸精度：主要轴颈支承轴段（支承轴段或有装配关系的轴段）直径尺寸精度为 IT6～IT9 级，精密轴段可选 IT5 级。

（2）几何精度：由于两个支承轴颈是轴的装配基准，通常对两支承轴颈有圆度、圆柱度等要求。

（3）相互位置精度：对两支承轴颈的同轴度要求是基本要求，另外还常有其他配合轴颈对两支承轴颈的同轴度要求，以及轴向定位端面与轴线的垂直度要求。为了便于测量，也常用圆跳动表示。

（4）表面粗糙度：一般支承轴颈的表面粗糙度为 $Ra0.4～1.6\mu m$，配合轴颈的表面粗糙度为 $Ra1.6～3.2\mu m$，接触表面的表面粗糙度为 $Ra3.2～6.3\mu m$。

4. 套类零件的技术要求

（1）套类零件孔的直径尺寸公差一般为 IT7 级，精密轴套孔为 IT6 级。形状公差（通常为圆度）一般为尺寸公差的 1/3～1/2。长套筒还应标注孔轴线的直线度公差。孔的表面粗糙度为 $Ra0.8～1.6\mu m$，精密套筒可达 $Ra0.4$。

（2）外圆表面通常是套类零件的支承表面，常用过盈配合或过渡配合与箱体、机架上的孔连接。外径尺寸公差一般为 IT6～IT7 级，表面粗糙度为 $Ra1.6～3.2\mu m$。

（3）若孔的最终加工是在装配后进行的，套筒内外圆的同轴度要求较低；若孔的最终加工是在装配前完成，则套筒内外圆的同轴度要求一般为 $\phi0.01～\phi0.05$。

五、轴套类零件测绘时的注意事项

（1）在测绘之前应先弄清被测轴、套在机械设备中的位置，了解该轴、套的用途及作用，各部分的精度要求及相配合零件的作用和工作状态。

（2）确定正确的尺寸基准。

1）测量零件的尺寸时，要正确选择基准。基准一旦确定，所有需要确定的结构尺寸均应以此为基准进行测量，尽可能避免尺寸的换算。

2）测量磨损的零件时，应对其磨损原因加以分析，并尽可能选择在未磨损或磨损较少的部位测量，而且在标注时应将其补充完整。

3）测量轴的外径时，要选择适当的部位进行，以便判断零件的形状误差，尤其要注意转动部位。测量带有锥度或斜度的轴尺寸时，应先确定其是否为标准的锥度或斜度，如果非标准，要仔细测量。

4）测量曲轴及偏心轴时，要注意其偏心方向和偏心距离。

5）测量轴上键槽、孔洞等结构时，要注意其在圆周方向的位置。

6）测量螺纹及丝杠时，要注意螺纹线数、旋向、螺纹牙形及螺距。

（3）测绘草图中应注明零件的公差配合、几何公差、表面粗糙度、材料、热处理、表面处理等技术要求，以达到指导生产的目的。

六、轴类零件测绘举例

下面以如图 3-2 所示的低速轴为例，介绍轴类零件的测绘步骤和草图画图方法。

（1）认识、分析零件，弄清轴的用途作用、装配关系、结构特征，确定表达方案。

（2）徒手绘制图框线、标题栏，如图 3-3 所示。

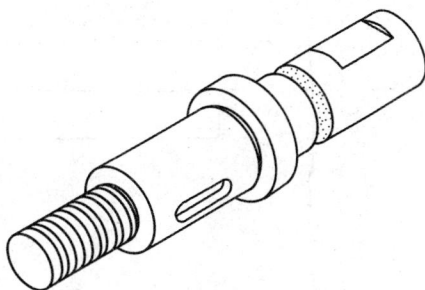

图 3-2 低速轴轴测图

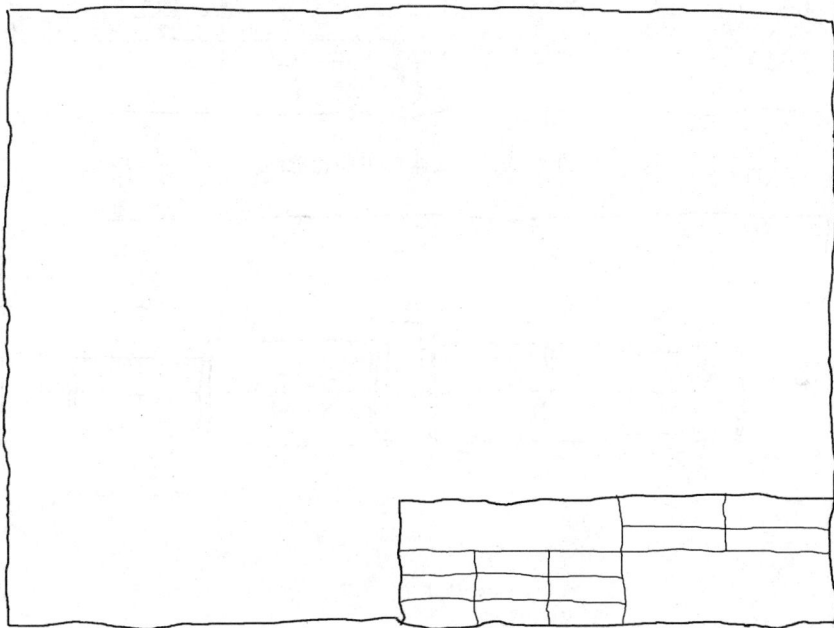

图 3-3 画图框和标题栏

（3）轴类零件按照加工位置原则选择主视图，轴线水平放置、左大右小，先画轴线，再画各段轴的轮廓线，如图 3-4 所示。

（4）绘制轴上倒角、退刀槽、键槽等细节部分，如图 3-5 所示。

（5）针对键槽和铣切平面结构，绘出键槽、铣切平面处的移出断面图，砂轮越程槽的局部放大图，如图 3-6 所示。

（6）测量并标注尺寸。

1）以轴线作为径向尺寸基准，标注径向尺寸，以主要的安装端面或轴肩面作为轴向尺寸基准，标注轴向尺寸。主要尺寸应从基准直接注出，其余各长度尺寸按加工顺序标注，且不同工种标注的尺寸应分开标注。如有相配合的表面，应注意配合尺寸，使轴和孔的尺寸一致。按正确、完整、清晰并尽可能合理地标注尺寸的要求，先画出全部尺寸界线、尺寸线和

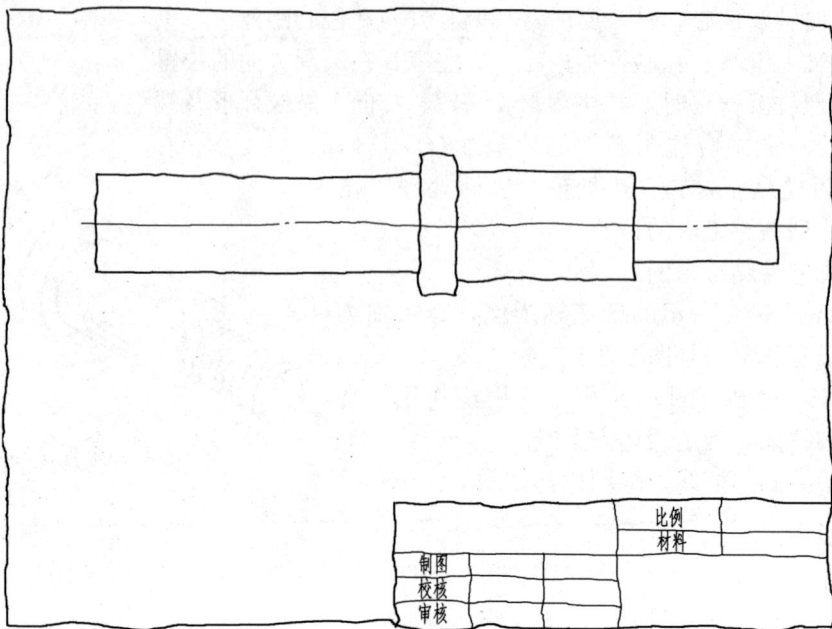

图 3-4　画低速轴主要轮廓线

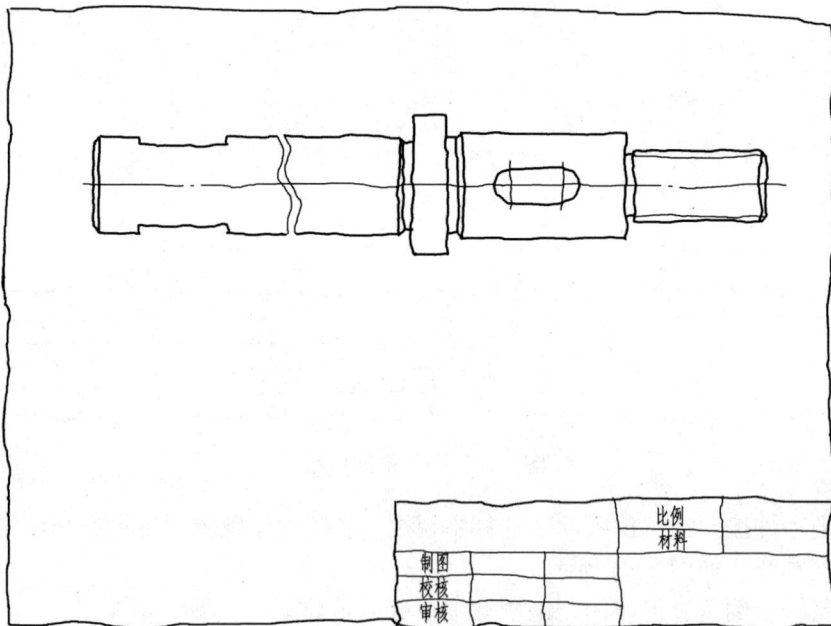

图 3-5　画低速轴的细部结构

箭头，如图 3-7（a）所示。

　　2）用游标卡尺或外径千分尺测量各径向尺寸，但注意轴的配合直径需要按国家标准圆整为标准值。也可用游标卡尺和钢直尺测量轴向尺寸，但要从主要尺寸基准开始测量。

　　测量出的键槽尺寸需要查阅国家标准手册进行校核。退刀槽的尺寸和倒角尺寸需要根据轴径，参照有关国家标准得到。对于轴右端外螺纹，可先用游标卡尺测量外径，再用螺纹规测量螺距，然后查阅有关机械制图国家标准校核螺纹大径和螺距，取标准值，如图 3-7（b）所示。

（7）标注技术要求。凡轴上有配合的表面、表面质量要求较高的部位和键槽的工作面均

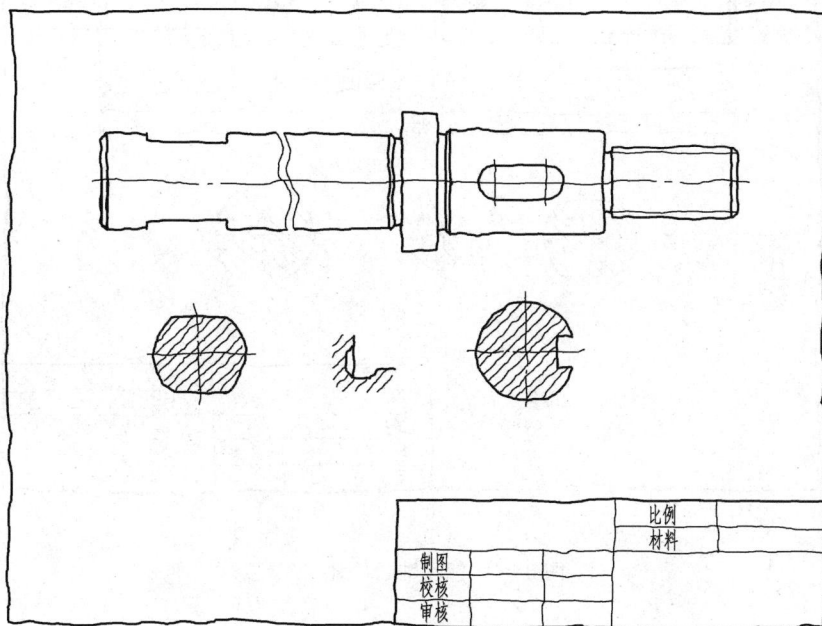

图 3-6　画移出断面图及局部放大图

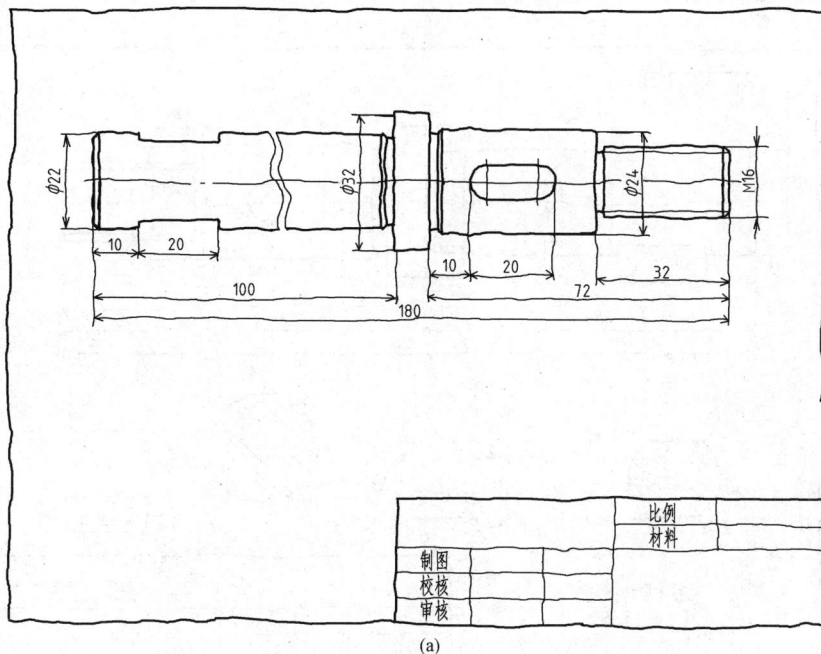

(a)

图 3-7　标注轴的尺寸（一）

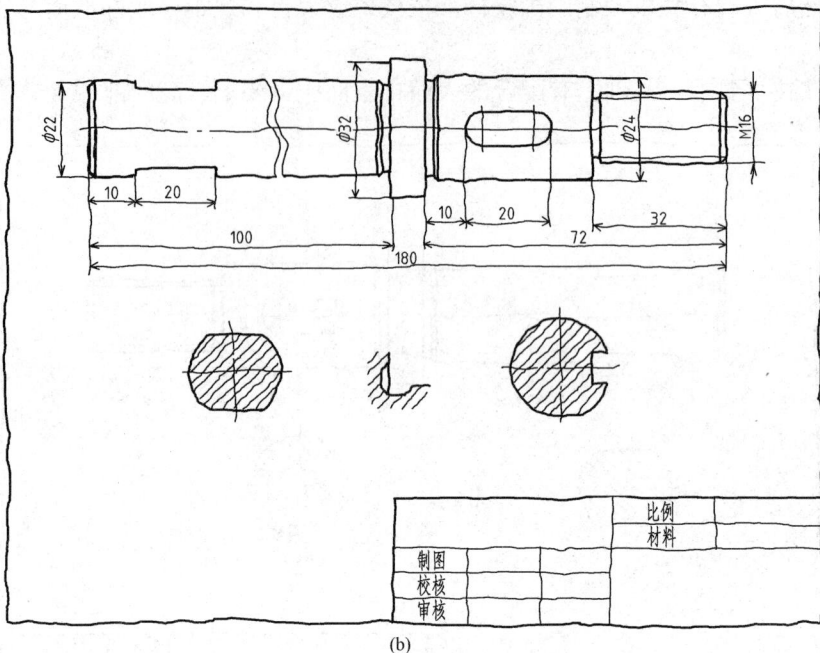

(b)

图 3-7　标注轴的尺寸（二）

需标注表面粗糙度，轴与其他零件有配合的表面要标注尺寸公差。为保证轴的使用性能，轴和键槽上还需标注几何公差。文字说明，调质处理 T235，即调质后硬度值是 220～250HBS，取中值；未注倒角 C1。如图 3-8 所示。

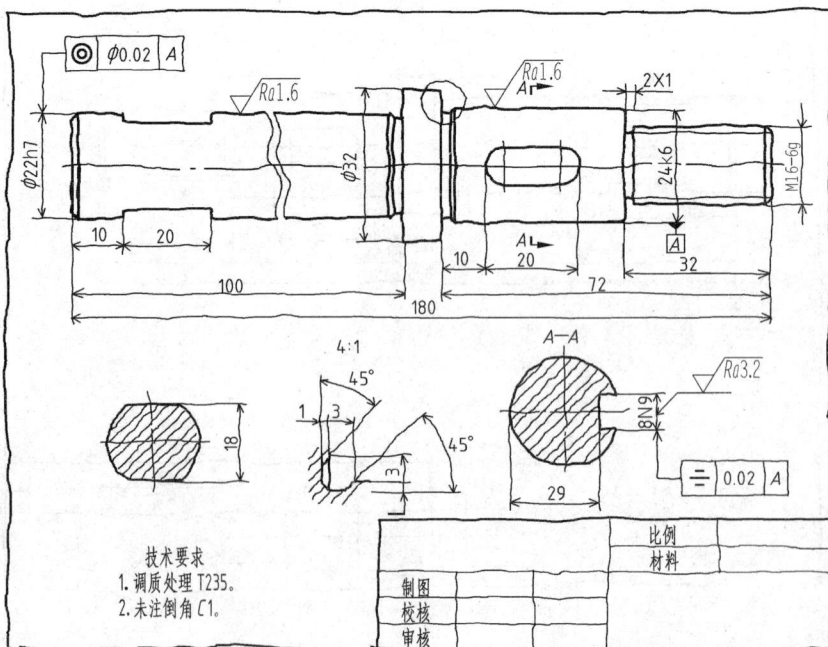

图 3-8　标注低速轴的完整尺寸

（8）填写标题栏，校核草图，如图 3 - 9 所示。

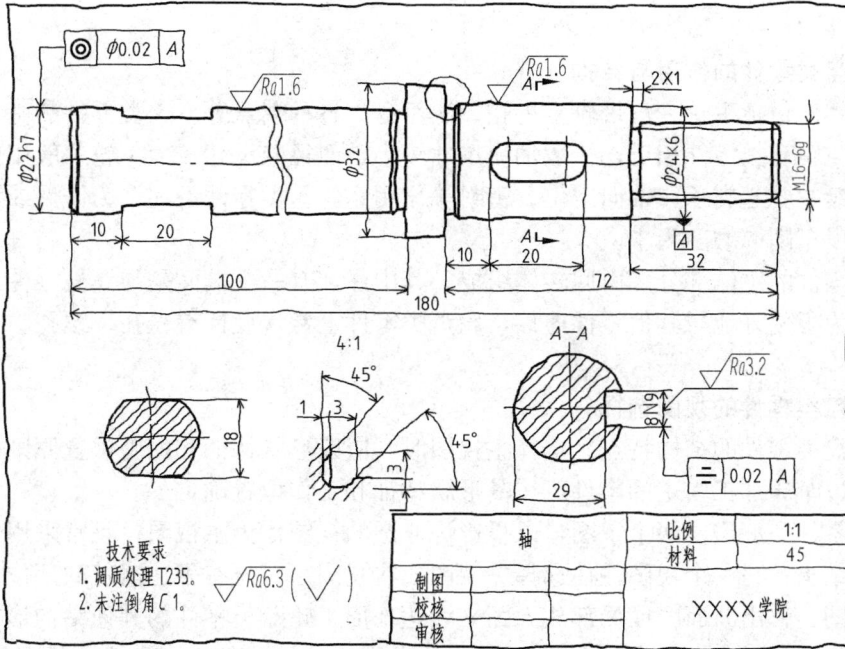

图 3 - 9　低速轴零件草图

（9）最后根据零件草图，在计算机上绘制零件工作图，如图 3 - 10 所示。

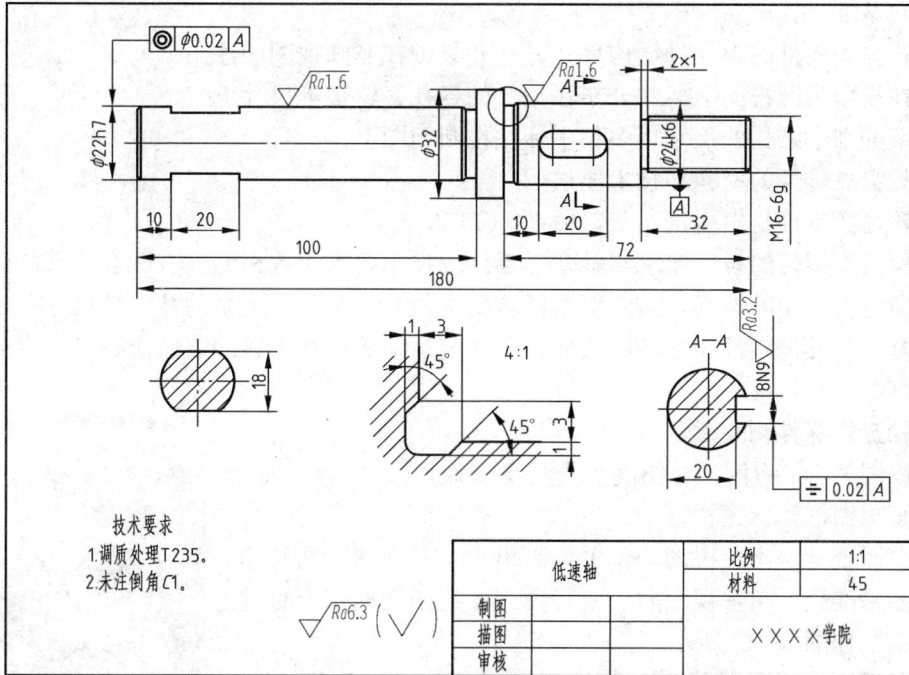

图 3 - 10　低速轴零件图

第二节　轮盘类零件的测绘

一、轮盘类零件的作用与结构

轮盘类零件包括手轮、皮带轮、齿轮、法兰盘、各种端盖等。这类零件的基本形状是扁平的盘状，与轴套类零件相反，一般轴向尺寸较小，而径向尺寸较大。轮一般用来传递动力和扭矩，轮盘主要起支承、轴向定位、密封等作用。轮盘类零件毛坯多为铸件或锻件，切削加工方式常以车削、磨削为主。

轮盘类零件的主体部分多由回转体组成，其中往往有一个端面是与其他零件连接时的重要接触面。为了更好地与其他零件连接，轮盘类零件上常常设计有光孔、螺孔、止口、凸台等结构。

二、轮盘类零件的视图选择

根据轮盘类零件的结构特点，选择主视图时，应以形状特征和加工位置原则为主，轴线横放，对不以车床加工为主的零件可按其形状特征和工作位置确定。

轮盘类零件一般需要两个视图，以投影为非圆的视图作为主视图，且常采用轴向剖视图来表达内部结构；另一个视图往往选择左视图或右视图。对没有表达清楚的部位，可选择视图、局部视图、移出断面图或局部放大图来表达外形。轮盘类零件的其他结构形状，如轮辐可用移出断面图或重合断面图表示。根据轮盘类零件的结构特点，各个视图具有对称平面时，可作半剖视图；无对称平面时，可作全剖视图。

三、轮盘类零件的尺寸注法

（1）轮盘类零件常以主要回转轴线作为径向基准，以切削加工的大端面或安装的定位端面作为轴向基准。

（2）轮盘类零件的内、外结构尺寸分开并集中在非圆视图中注出。

（3）在投影为圆视图上标注分布在盘上的各孔、轮辐等尺寸。

（4）某些细小结构的尺寸，多集中标注在断面图上。

四、轮盘类零件的材料和技术要求

（1）轮盘类零件材料多选用灰口铸铁 HT150 或 HT200。

（2）轮盘类零件的技术要求与轴套类零件的技术要求大致相同。有配合关系的内、外表面及起轴向定位作用的端面，其表面粗糙度要求较高。有配合关系的孔、轴尺寸应给出恰当的尺寸公差，与其他零件相接触的表面，尤其与运动零件相接触的表面应有平行度或垂直度要求。

五、轮盘类零件测绘举例

下面以图 3-11 为例，介绍阀盖的测绘步骤。

（1）画出图框，标题栏。

（2）在图纸上定出各视图的位置，画出主、左视图的对称中心线和作图基准线；布置视图时，要考虑到各视图间应留有标注尺寸的位置，如图 3-12 所示。

（3）以目测比例画出零件的结构形状，如图 3-13 所示。

（4）选定尺寸基准，画出全部尺寸界线、尺寸线和箭头。此

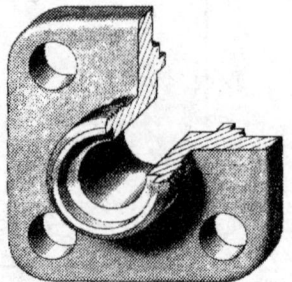

图 3-11　阀盖

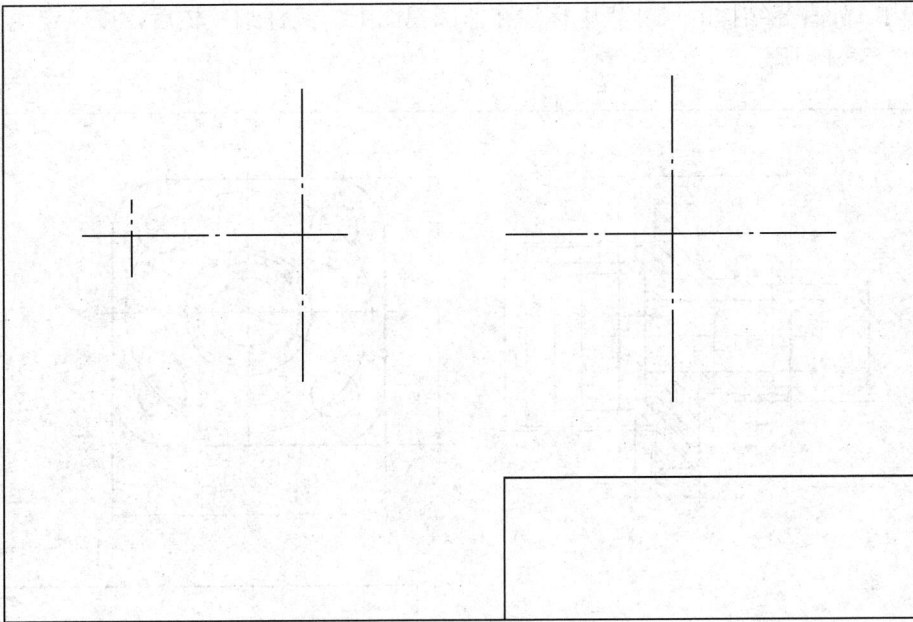

图 3-12 确定零件基准

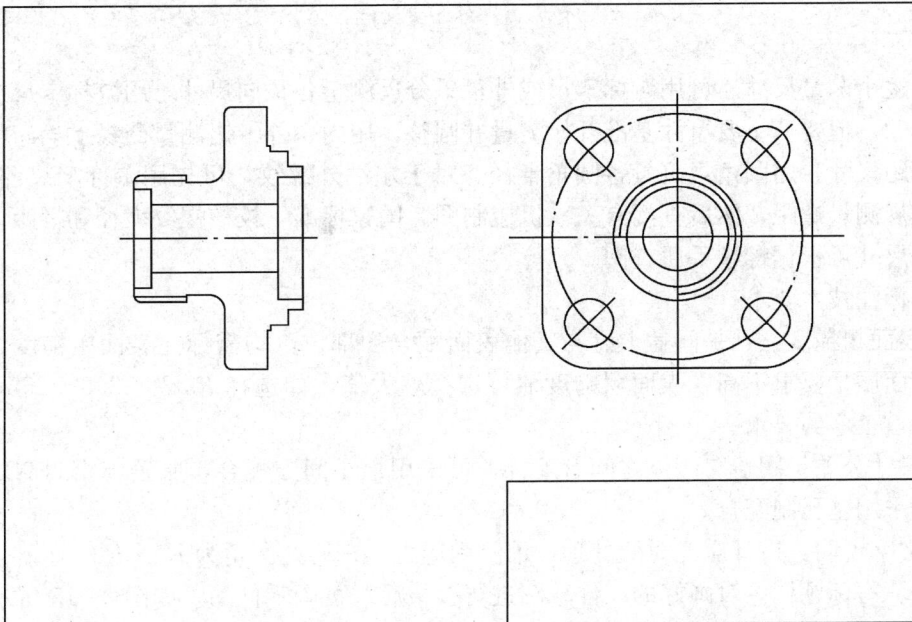

图 3-13 确定零件视图表达

阀盖以轴线作为径向尺寸基准，以重要的安装端面作为轴向尺寸基准，主要尺寸应从基准直接注出，内、外直径结构的尺寸集中标注在非圆视图上。经仔细校核后，按规定线型将图线加深，如图 3-14 所示。

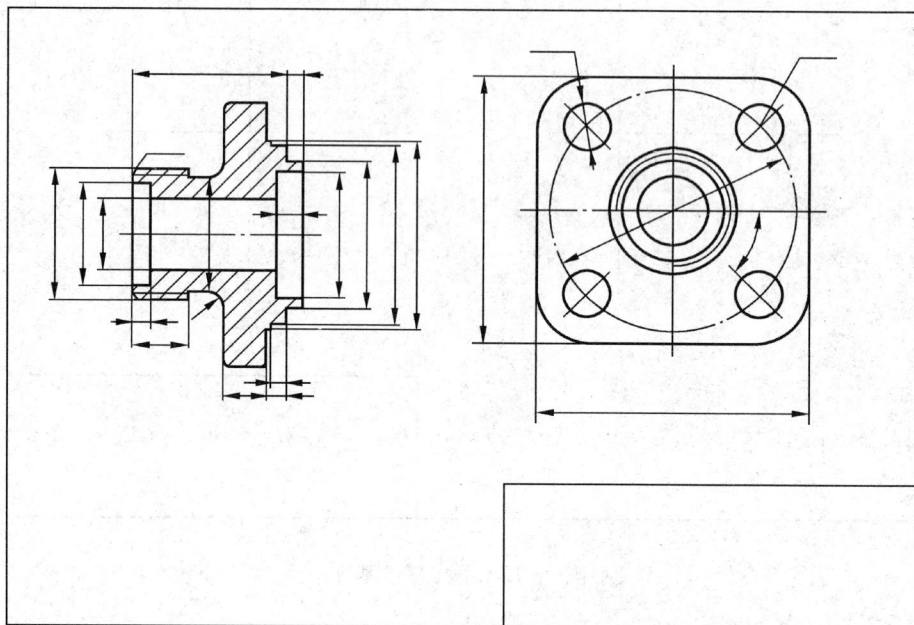

图 3-14　标注零件尺寸

（5）逐个测量尺寸。可用游标卡尺或外径千分尺测量各径向尺寸，用游标卡尺或钢尺测量轴向尺寸，但要从主要尺寸基准开始测量并圆整，用内、外卡钳测量凸缘上均布的 4 个光孔的中心距尺寸，用圆角规测量各圆角半径。对于左端外螺纹，可先用游标卡尺测量外径，再用螺纹规测量螺距，然后查阅有关《机械制图》国家标准，校核螺纹大径和螺距，取标准值。倒角尺寸可根据螺纹手册查阅。

（6）标注技术要求。

1）表面粗糙度：凡是阀盖上有与其他表面配合的部位，均需标注表面粗糙度。与阀盖配合的表面质量要求不高，表面粗糙度值可选择较大值，如选择 Ra 为 $12.5\sim25\mu m$，其余保留第一道工序的要求。

2）尺寸公差：阀盖与阀体之间有配合，可采用最小间隙配合，阀盖与密封圈之间也有配合，可采用基孔制配合。

3）文字说明：铸件应经时效处理，消除内应力；未铸造圆角为 $R1\sim R3$。

（7）填写标题栏。对画好的零件草图进行校核后，再画零件图，如图 3-15 所示。

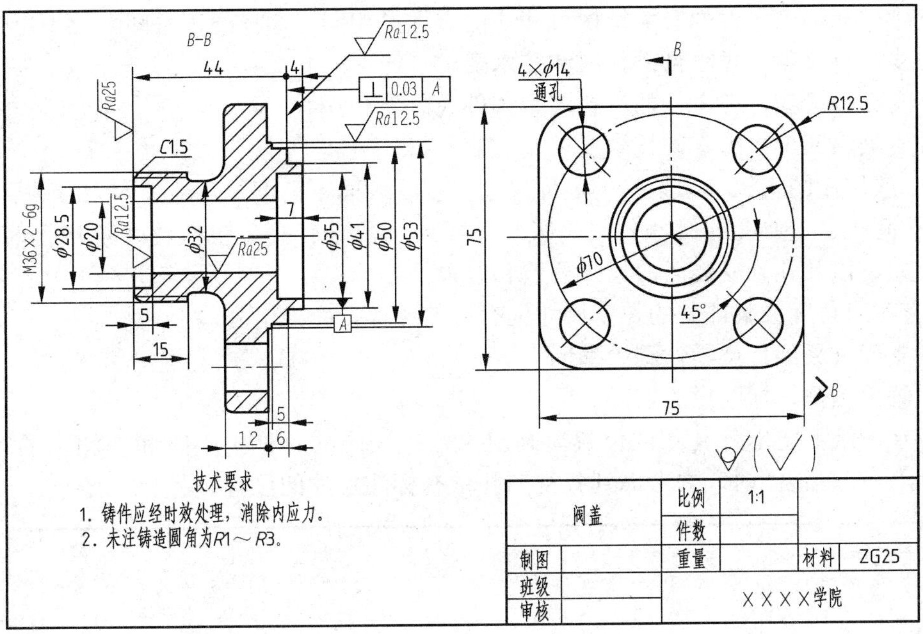

图 3-15 阀盖零件图

第三节 支架类零件

一、支架（叉架）类零件的作用与结构

支架（叉架）类零件包括拨叉和各种支架。拨叉主要用在机床、内燃机各种机器的操纵机构上，起操纵、调速的作用；支架主要起连接和支承作用。

支架（叉架）类零件形式多样，结构较为复杂且不规则，甚至难以平稳放置，需经多道工序加工而成。这类零件一般由三部分组成，即连接部分、工作部分和支承部分。连接部分多为肋板结构，且形状弯曲；工作部分和支承部分，细部结构也较多，如圆孔、螺孔、油槽、油孔、凸台、凹口等。

二、支架（叉架）类零件的视图选择

支架（叉架）类零件一般都是铸件和锻件，毛坯形状复杂，需经不同的机械加工，加工位置难以分出主次。所以，在选择主视图投影方向时，主要按形状特征和工作位置原则确定。除主视图外，还需用其他视图表达安装板、肋板等结构的宽度及它们的相对位置。由于零件上有倾斜结构，一般可采用斜视图、局部视图、斜剖视图或移出断面图来表达。

支架（叉架）类零件的结构形状较为复杂，一般都需要三个以上视图才能表达清楚。

三、支架（叉架）类零件的尺寸注法

（1）支架（叉架）类零件的长度方向、宽度方向、高度方向的主要尺寸基准一般为孔的中心线、轴线、对称平面和较大的加工平面。

（2）支架（叉架）类零件定位尺寸较多，要注意能否保证定位的精度。一般要标出孔中心线间的距离，孔中心线到平面间的距离或平面到平面的距离。定形尺寸一般都采用形体分析法标注尺寸。一般情况下，内、外结构形状要保持一致，拔模斜度、铸造圆角也需标注。

（3）有目的地将尺寸分散标注在各视图、剖视图、断面图上，防止在一个视图上尺寸标注过度集中。相关联零件的有关结构尺寸注法应尽量相同，这样便于看图，可少出差错。

四、支架（叉架）类零件的材料和技术要求

（1）支架（叉架）类零件的材料多为铸件或锻件。

（2）支架（叉架）类零件技术要求。

1）一般用途的支架（叉架）类零件尺寸精度、表面粗糙度、几何公差无特殊要求。

2）孔间距、重要孔的尺寸公差等级和表面质量要求较高，包括孔间距和孔间平行度、垂直度公差，以及孔到安装面的尺寸公差和位置公差。

3）有时对角度或某部分的长度尺寸也有一定要求，应给出公差。

五、支架（叉架）类零件测绘举例

（1）画出图框，标题栏。

（2）在图纸上定出各视图的位置，画出主、左视图的对称中心线和作图基准线，如图3-16所示。布置视图时，要考虑到各视图间留有标注尺寸的位置。

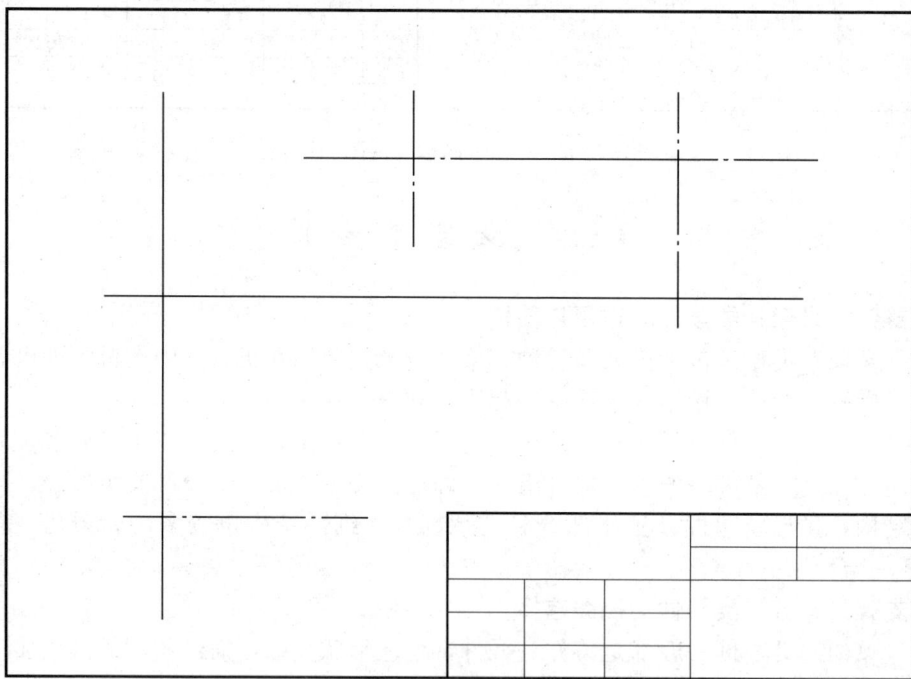

图 3-16　确定零件基准

（3）根据工作位置和形状特征位置原则选择主视图。主视图应能够较多地反映零件形状特征，并采用局部剖视表达支承部分结构，左视图同样采用局部剖反映工作部分结构，外加一局部视图反映支承部分外形，如图3-17所示。

（4）选定尺寸基准，画出全部尺寸界线、尺寸线和箭头。主要结构各个方向的相互位置尺寸直接注出，单个结构的定形尺寸在其特征视图上集中注出，如图3-18所示。

可用游标卡尺或内、外卡钳测量各部分尺寸，但要从主要尺寸基准开始测量并圆整。对于内螺纹，可先用游标卡尺测量其大径，再用螺纹规测量螺距，然后查有关《机械制图》国家标准校核螺纹大径和螺距，并取标准值。倒角尺寸根据螺纹大径手册查阅。

（5）标注技术要求。凡是轴架上与其他表面相配合的部位，均需标注表面粗糙度。在轴架上端工作部分的孔和下端安装部分的孔均为基孔制配合。未铸造圆角为 $R1 \sim R3$，铸件不允许有砂眼、缩孔、裂纹等铸造缺陷。

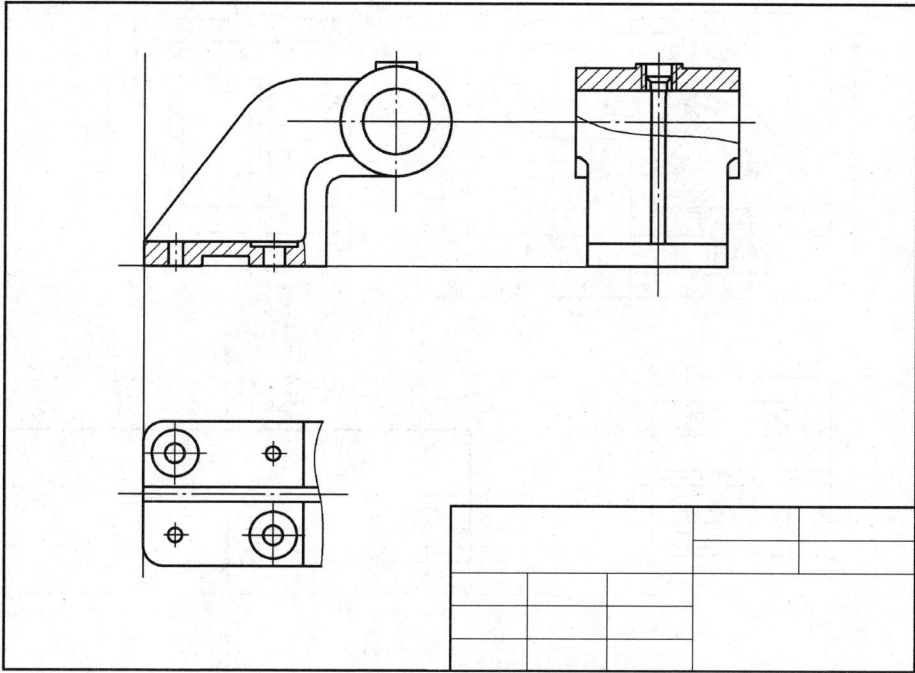

图 3-17　确定零件视图表达

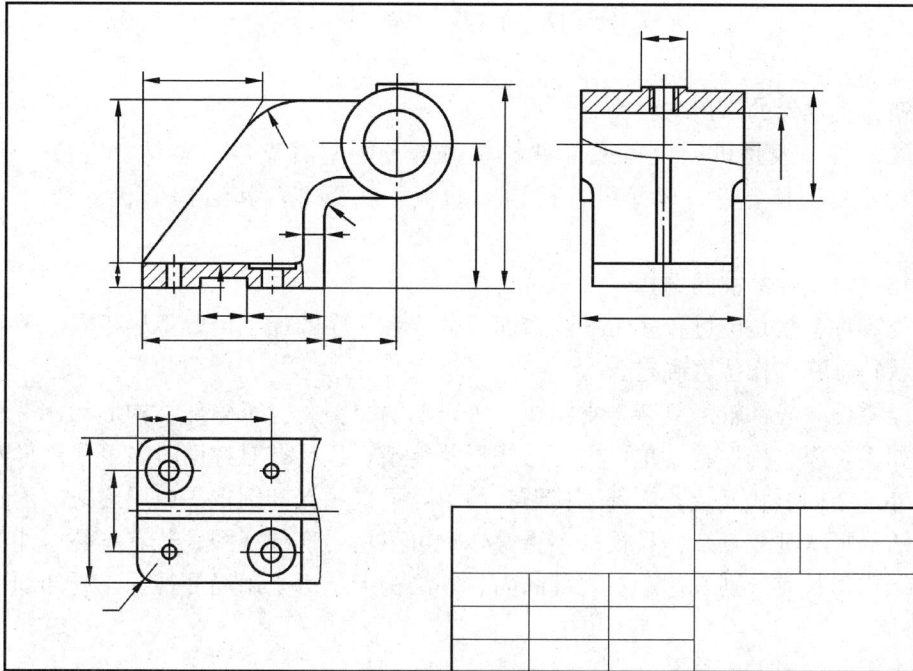

图 3-18　标注零件尺寸

（6）检查并校核草图，填写标题栏，最后画零件工作图，如图 3-19 所示。

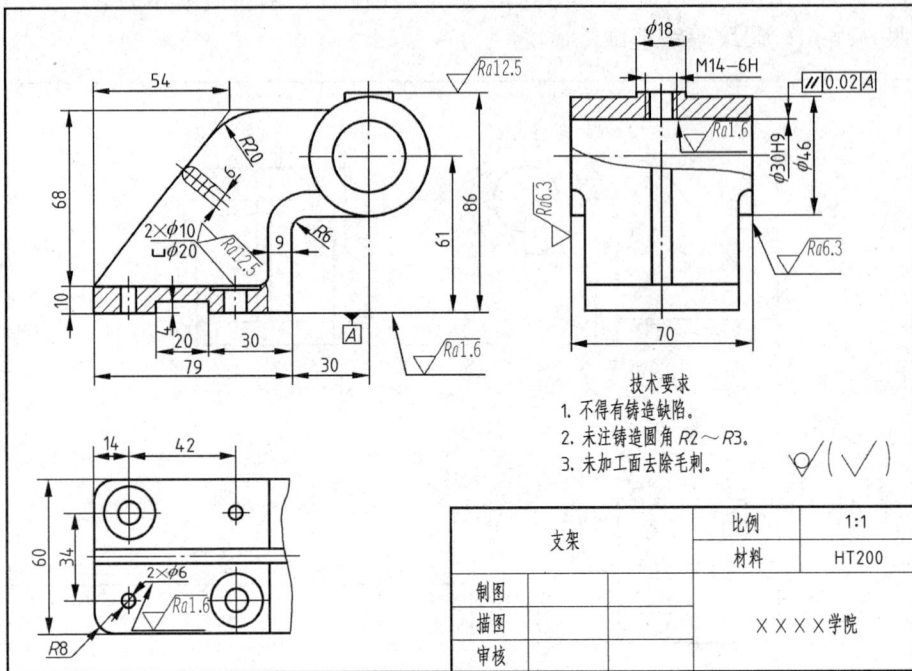

图 3-19　支架零件图

第四节　箱 体 类 零 件

一、箱体类零件的作用与结构

箱体类零件一般是机械设备或部件的主体部分，起着支承、容纳、定位、密封等作用，多为中空的壳体，并有轴承孔、凸台、肋板、底板等，其结构形状复杂，一般多为铸件。

二、箱体类零件的视图选择

箱体类零件多数是经过较多工序制造而成的，各工序的加工位置不尽相同，因而主视图主要按形状特征和工作位置确定。

箱体类零件一般都较为复杂，常需要三个以上的视图。对于内部结构形状，常采用剖视图表示。如果外部结构形状简单，内部结构形状复杂，且具有对称面时，可采用半剖视图表达；如果外部结构形状复杂，内部结构形状简单，可采用局部剖视图或用虚线表示；如果内部、外部结构形状都较复杂，且投影不重叠，也可采用局部剖视图；若有重叠，外部结构形状和内部结构形状应分别表达；对局部的内、外结构形状可采用局部视图、局部剖视图和断面图来表示。

箱体类零件投影关系复杂，常会出现截交线和相贯线。同时，由于是铸件毛坯，也经常会遇到过渡线。

三、箱体类零件的尺寸标注

箱体类零件的长度方向、宽度方向、高度方向的主要基准一般为孔的中心线、轴线、对称平面和较大的加工平面。

箱体类零件的定位尺寸更多，各孔中心线间的距离一定要直接标注出来。定形尺寸仍用形体分析法标注，且应尽量注在特征视图上。

四、箱体类零件的材料和技术要求

1. 箱体类零件的材料

箱体类零件的毛坯一般采用铸件，常用材料为 HT200。只有单件生产或制造某些重型机床时，为了降低成本和缩短毛坯制造周期，可采用钢板焊接结构。铸铁箱体毛坯在单件小批生产时，一般采用木模手工造型；大批量生产时通常采用金属模机械造型。为了节省机加工时间、节约材料，$\phi30\sim\phi50$ 的孔一般应铸出。

2. 箱体类零件技术要求

重要的箱体孔和表面，其表面粗糙度参数值较小，目的是保证安装在孔内的轴承和轴的回转精度。另外，重要的箱体孔和表面应该有尺寸公差和几何公差的要求。

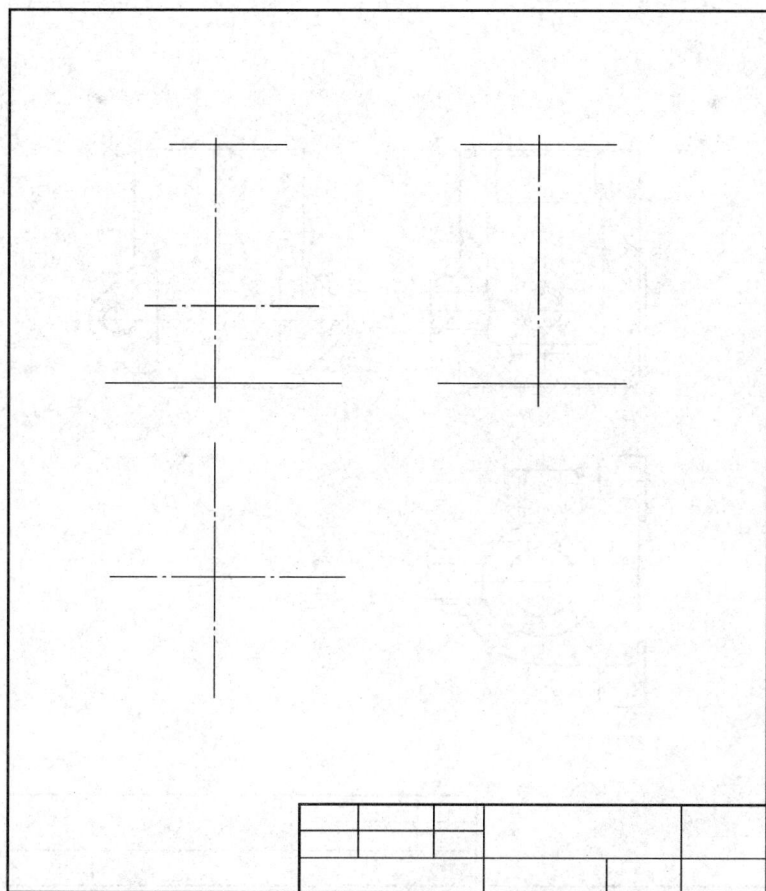

图 3-20　确定零件基准

五、箱体类零件测绘时的注意事项

（1）润滑油孔、油标位置、油槽通路、放油口等要表达清楚。

（2）因为要考虑有润滑油的箱体类零件的漏油问题，测绘时要特别注意螺孔是否为通孔。

（3）因为铸件受内部应力或外力影响，经常会产生变形，所以测绘时应尽可能对与此铸件箱体有关的零件尺寸也进行测量，以便运用装配尺寸链及传动链尺寸校对箱体尺寸。

六、箱体类零件测绘举例

（1）画出图框，标题栏。在图纸上定出各视图的位置，画出主、左视图的对称中心线和作图基准线，如图 3-20 所示。布置视图时，要考虑到各视图间留有标注尺寸的位置。

（2）以工作位置和形状特征位置原则选择主视图。主视图应能够较多地反映零件形状特征，并采用全剖视图表达其内部结构，俯视图用局部剖来反映右侧、后侧螺孔的结构，左视图反映零件外部形状，如图 3-21 所示。

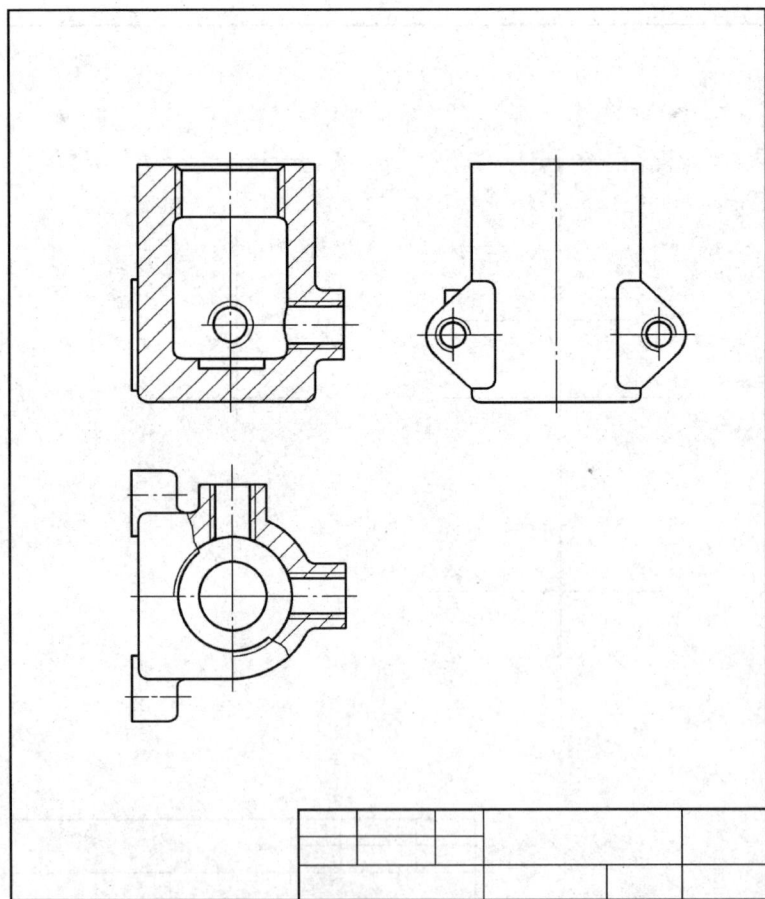

图 3-21　确定零件视图表达

（3）选定尺寸基准，画出全部尺寸界线、尺寸线和箭头。主要结构各个方向的相互位置尺寸直接注出，单个结构的形状尺寸在其特征视图上集中注出，如图3-22所示。

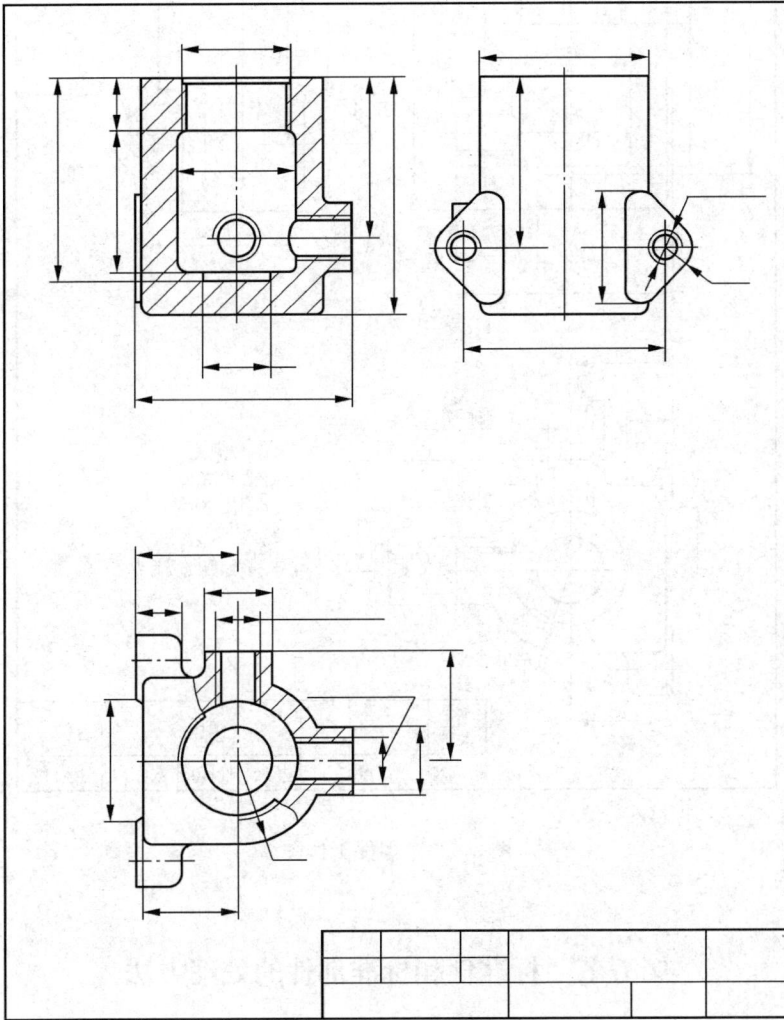

图 3-22　确定零件尺寸标注

可用游标卡尺或内、外卡钳测量各部分尺寸，但要从主要尺寸基准开始测量并圆整。对于内螺纹，可先用游标卡尺测量其大径，再用螺纹规测量螺距，然后查阅有关《机械制图》国家标准校核螺纹大径和螺距，并取标准值。倒角尺寸可根据螺纹大径手册查得。

（4）标注技术要求：未注圆角 R3；未注倒角 1×45°；螺纹表面粗糙度为 $\sqrt{Ra6.3}$；铸件表面清砂涂防锈漆。

（5）检查，校核，填写标题栏，画零件工作图，如图3-23所示。

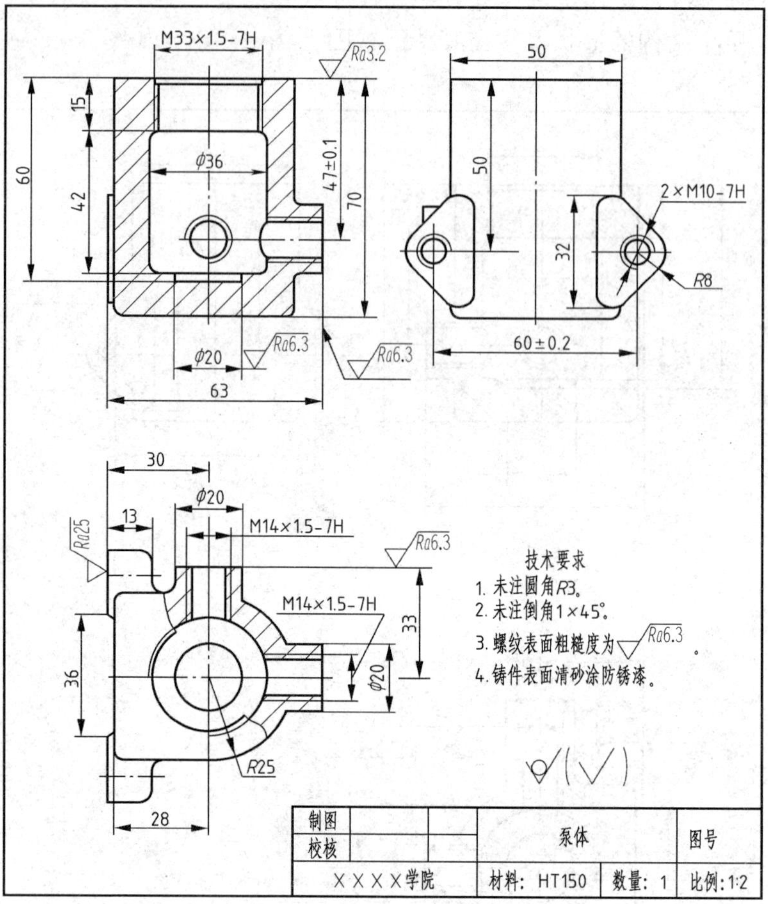

图 3-23　零件工作图

第五节　标准件和标准部件的处理方法

标准件和标准部件的结构、尺寸、规格等全部是标准化了的，测绘时不需画图，只要确定其规定的代号即可。

一、标准件在测绘中的处理方法

螺柱、螺母、垫圈、挡圈、键和销、链和轴承等，它们的结构形状、尺寸规格都已经标准化，并由专门的企业生产。因此，测绘时标准件不需要绘制草图，只要将其主要尺寸测量出来，查阅有关设计手册，就能确定其规格、代号、标注方法、材料重量等，然后填入各部件的标准件明细表中即可。

对于整台机械设备的测绘，应将所属部件明细表汇总成总标准件明细表。

二、标准部件在测绘中的处理方法

标准部件包括各种联轴器、滚动轴承、减速器、制动器等。测绘时标准部件的处理方法与标准件处理方法类似，无需绘制草图，只要将它们的外形尺寸、安装尺寸、特性尺寸等测出后，查阅有关标准部件手册，确定出标准部件的型号、代号等，汇总后填入标准部件明细表中即可。

第六节 绘制零件工作图

零件工作图是根据零件草图、有关测量数据等多方面资料整理而得的。虽然零件草图是绘制零件工作图的主要依据，但零件工作图绝非零件草图的复制品，所以在绘制零件工作图的过程中，必须对草图进行修改。

如果在绘制零件草图时已将视图合理表达，那么在画零件工作图时就可直接采用。然而在实际测绘过程中，由于各种原因影响需要部分地改变视图方案。这是因为测绘过程中，在更加深入地了解各零件的作用后，可能会发现原来视图的选择有所缺陷。另外，在零件草图上标注尺寸往往更多考虑的是测量方面的因素，而对设计要求和工艺方面的因素考虑得并不周全，造成对各零件的尺寸公差、技术要求、材料等问题在绘制草图阶段未能详细考虑。因此，必须对草图进行修改、调整和补充，以便绘制出正确的零件工作图。

由零件草图绘制零件工作图，需完成以下工作内容。

一、调整视图

在绘制零件工作图时，可对零件草图的视图选择方案进行调整，具体包括以下几个方面：

（1）调整视图数量。删除重复表达的视图，补充表达不完整的局部结构视图。

（2）调整比例。零件工作图最好按 1∶1 的比例绘制，以验证测量结果。对于装配在一起的零件尽可能采用同一比例绘制，这样不仅有利于校核，而且便于绘制装配图。

（3）调整布局。由于在零件草图绘制过程中采用的是目测比例，可能会存在因比例选择不当而造成相关零件视图选择不协调等问题。因此，在画零件工作图时要对布局进行必要调整。

（4）调整图幅。由于以上视图数量、比例和布局进行了调整，考虑到其他技术要求的位置，因此需要重新选择适当的标准图幅，每个零件必须单独绘制在一个标准图幅中。

二、调整尺寸

尺寸是零件工作图上非常重要的内容之一。由于绘制零件草图时，允许在草图上注出重复尺寸、封闭尺寸，所以画零件工作图时，就必须根据零件的结构与工艺，合理地标注尺寸。这是将零件草图换为零件工作图的重要内容。

1. 零件尺寸合理性调整

零件工作图上尺寸标注的总要求是正确、完整、清晰、合理，尺寸的标注要符合国家标准对尺寸标注的基本规定。合理标注尺寸是指尺寸应保证达到设计要求，便于加工和测量，即满足设计要求和工艺要求。

设计要求是指零件按规定的装配基准正确装配后，应保证零件在部件或机械设备中获得准确的选定位置、必要的配合性质、规定的运动条件和连接形式，从而标注产品的工作性能和装配精确度，保证机械设备的使用质量。

工艺要求是指零件在加工过程中要便于加工制造。要求零件工作图上所注尺寸应与零件安装定位方式、加工方法、加工顺序、测量方法等相适应并使零件易于加工，便于测量。

2. 进行尺寸协调

一台较复杂的机械设备常常由若干部件或零件组成，因此不仅要考虑部件中零件与零件之间的关系，还要考虑部件与部件之间、部件与零件之间的关系。

在零件工作图上标注尺寸的时候，零件与零件、部件与部件之间的装配及安装尺寸都需要进行协调，即不仅这些相关尺寸的数值要相互协调，而且在尺寸的标注形式也要统一。

三、确定技术要求

零件图上一般除注有尺寸公差外，还必须标注其他技术要求，包括表面粗糙度、几何公差、热处理要求和有关装配、试验、检验、加工要求。

1. 表面粗糙度的确定

（1）表面粗糙度是指物体表面的微观不平程度。其评定参数主要有轮廓算术平均偏差 Ra、轮廓最大高度 Rz、轮廓单元的平均宽度 Rsm、轮廓支承长度率 $Rmr(c)$ 等。优先选用参数 Ra，见表 3-1。

表 3-1　　　　　　　　　　轮廓算术平均偏差 Ra 的数值　　　　　　　　　μm

Ra 系列	Ra 补充系列	Ra 系列	Ra 补充系列	Ra 系列	Ra 补充系列	Ra 系列	Ra 补充系列
	0.008	0.1			1.25		16.0
	0.010		0.125	1.6			20
0.012			0.160		2.0	25	
	0.016	0.2			2.5		32
	0.020		0.25	3.2			40
0.025			0.32		4.0	50	
	0.032	0.4			5.0		63
	0.040		0.50	6.3			80
0.05			0.63		8.0	100	
	0.063	0.8			10.0		
	0.080		1.00	12.5			

（2）表面粗糙度数值的选用，应该既要满足零件表面功用要求，又要考虑经济合理性。选用时应该注意以下问题：

1）在满足功用的前提下，尽量选用较大的表面粗糙度数值，以降低生产成本。

2）一般情况下，零件的接触表面比非接触表面的粗糙度参数值要小。

3）受循环载荷的表面和极易引起应力集中的表面，粗糙度参数值要小。

4）配合性质相同，零件尺寸小的比尺寸大的表面粗糙度参数值要小；同一公差等级，小尺寸比大尺寸、轴比孔的表面粗糙度参数值要小。

5）运动速度高、单位压力大的摩擦表面，比运动速度低、单位压力小的摩擦表面，粗糙度参数值要小。

6）要求密封、耐腐蚀的表面，粗糙度参数值要小。

表面粗糙度 Ra 参数选用值见表 3-2，表面粗糙度 Ra 的数值与加工方法见表 3-3。

表 3-2 　　　　　　　　　　　　　表面粗糙度参数选用值

表面状况	Ra 参数选用值	表面状况	Ra 参数选用值
相对运动表面	0.4、0.8、1.6、3.2	不接触表面	12.5
静止接触表面	3.2、6.3		

表 3-3 　　　　　　　　　　　　表面粗糙度 Ra 的数值与加工方法

表面特征	表面粗糙度（Ra）数值			加工方法举例
明显可见刀痕	$\sqrt{Ra100}$	$\sqrt{Ra50}$	$\sqrt{Ra25}$	粗车、粗刨、粗铣、钻孔
微见刀痕	$\sqrt{Ra12.5}$	$\sqrt{Ra6.3}$	$\sqrt{Ra3.2}$	精车、精刨、精铣、粗铰、粗磨
看不见加工痕迹，微辨加工方向	$\sqrt{Ra1.6}$	$\sqrt{Ra0.8}$	$\sqrt{Ra0.4}$	精车、精磨、精铰、研磨
暗光泽面	$\sqrt{Ra0.2}$	$\sqrt{Ra0.1}$	$\sqrt{Ra0.05}$	研磨、抛光、超精磨

2. 确定几何公差

测绘中确定零件的几何公差时，如果没有相关的原始资料，只能对零件实物进行精确测量，再根据测量结果来确定几何公差。根据实物确定几何公差时应注意以下两点：

（1）需要明确对零件实物测量的几何公差项目和在零件图上注出的项目名称。

（2）为了确定零件的几何公差，测绘中需要进行大量的测量工作，具体的测量方法和使用手段可参阅国家标准的有关规定。

3. 其他技术要求

除上述技术要求外，还应包括对表面的特殊加工及对表面缺陷的限制、对材料性能的要求，对加工方法、检验和试验方法的具体指示等，其中有些项目可书写成技术文件。

（1）零件毛坯的要求。对于铸造和锻造件的毛坯，应有必要的技术说明。影响零件使用性能的现象，如铸造圆角、气孔及缩孔、裂纹等，应有具体限制，锻件应除去氧化皮。

（2）热处理要求。热处理对于金属材料机械性能的改善与提高有显著作用。热处理要求一般用文字形式注写，如调质处理、淬火等。

（3）表面涂层要求。根据零件用途不同，有些零件表面应提出必要的特殊加工。例如，为防止表面生锈对非加工表面应喷漆，工具手把表面为防滑应加工滚花等。

（4）对试验条件与方法的要求。为保证部件的安全使用，需要提出试验条件等要求，如化工容器中的压力试验、强度实验、齿轮泵的密封要求等。

综上所述，在填写技术要求时，应注意以下几个问题：

（1）用代号形式在零件图上标注技术要求时，所采用的代号及标注方法应符合国家标准的有关规定。

（2）用文字说明技术要求时，文字说明上方应写出"技术要求"字样的标题，一般写在标题栏的上方或左方。文字说明中有多项技术要求时，应按主次及工艺顺序加以排列，并编号。文字说明应简单、准确。

（3）齿轮轮齿参数、弹簧参数要以表格方式写在图框右上方。

四、材料的选用

常用材料的选用请参见附表 17。

第七节　绘制测绘部件装配图

根据零件工作图绘制部件装配图，是测绘工作的又一重要组成部分，是培养实际应用机械制图基本理论，综合分析问题、解决问题，提高绘图、读图能力的有效手段。

一、装配图视图选择原则

装配图以表达机械设备或部件的工作原理和各部分装配关系为主，应做到表达正确、完整、清晰和简练。为达到以上要求，应掌握标准对装配图所规定的各种表达方法及画法。

1. 选择主视图

选择主视图时，其投射方向应充分表达机械设备或部件的主要装配干线，并尽可能反映机械设备或部件的工作原理、工作情况和零件之间的连接关系。

2. 选择其他视图

除主视图外，还应适当选用其他视图及相应表达方法，以便确定一个完整的视图表达方案。其他视图的选择应各有侧重点，所选择的视图要重点突出、相互配合、避免重复，辅助主视图完整清晰地表达机械设备或部件工作原理和形状结构。

装配图不仅要表达装配关系，还应将主要零件的主要形状表达清楚。

二、绘制装配图的步骤

（1）确定视图表达方案后，选定图幅，根据部件大小确定绘制装配图的比例，画出标题栏、明细表框格。

（2）确定各视图的位置，合理布图，画出各视图的基准线。

（3）先绘制装配主干线（支撑干线）上的零件，一般从主视图开始画图；再画装配次干线（输入、输出干线）上的零件。画图时应先画大结构，再画细节，特别要注意键、销、螺纹连接的画法要求。在剖视图中，由于内部零件遮挡了部分外部零件，在不影响零件定位的条件下，一般由内向外逐步画出，如先画轴，再画装在轴上的其他零件。但有些部件也常常从壳体或机座画起，再将其他零件按次序逐个画出来，即从外向里画。

（4）装配图画好后，检查底稿，擦去多余的线，加深图线，画剖面线，再标注尺寸。标注尺寸时，不能把零件图上的尺寸全部照搬到装配图上，只标注装配体的性能尺寸、装配尺寸、安装尺寸、总体尺寸和其他重要尺寸。

（5）编序号，填写表题栏、明细表和技术要求。装配图中的技术要求，通常用文字注写在明细栏的上方或图纸下方空白处。拟订技术要求时，一般可以从以下几方面考虑：

1）装配要求，机械设备或部件在装配过程中需注意的事项及装配后应达到的要求，如准确度、装配间隙、润滑要求等。

2）检验要求，对机械设备或部件基本性能的检验，试验及操作时的要求。

3）使用要求，对机械设备或部件的规格、参数及维护、保养、使用时的注意事项及要求。

（6）完成全图后应仔细审核，然后签名并注明时间。

三、装配图中公差与配合的选用

（1）基孔制优先配合。

间隙配合：H7/g6、H7/h6、H8/f7、H8/h7、H9/d9、H9/h9、H11/c11、H11/h11。

过渡配合：H7/k6。

过盈配合：H7/n6、H7/p6、H7/s6、H7/u6。

（2）基轴制优先配合。

间隙配合：G7/h6、H7/h6、F8/h7、H8/h7、D9/h9、H9/h9、C11/h11、H11/h11。

过渡配合：K7/h6。

过盈配合：N7/h6、P7/h6、S7/h6、U7/h6。

优先采用基孔制可以减少定值刀具、量具的规格数量。只有在具有明显经济效益和不适合采用基孔制的场合，才采用基轴制。例如，使用冷拔钢作轴与孔的配合，标准的滚动轴承的外圈与孔的配合，往往采用基轴制。

第八节　测绘校核与总结

为了确保测绘质量，需要对图纸校对、审核，并进行测绘总结。

一、图纸校核

1. 第一次校核

第一次校核的重点应放在校核零件中有配合关系的尺寸、有关性能的尺寸、影响装配位置的尺寸等方面。应审核全部技术要求包括表面粗糙度、尺寸公差、几何公差、金属热处理要求、材料选择等。

2. 第二次校核

由于整个测绘工作是由多人参加并协同完成，在测绘过程总难免出现差错。第二次校核除要求在图纸上对零件进行装配，对所测绘部件的工作原理、装配关系、各零部件的结构形状、尺寸大小、作用要求、运动条件等有比较全面的了解之外，还要求将所有的零部件组装在一起成为一部完整的设备。

3. 第三次校核

第三次校核的任务包括以下几项：对图纸进行标准化审核，主要检查图纸大小、线型、比例、字体及零件的表达方法、尺寸标注；检查表面粗糙度的注法是否符合国家标准要求，检查尺寸公差、几何公差的标注、代号，检查材料代号是否符合标准，检查明细表及图纸技术要求中所引用的标准代号是否正确。除此之外，对零件加工圆角、退刀槽、砂轮越程槽等尺寸和齿轮、弹簧、键、螺纹代号等都应予以检查，使其符合国家标准要求。

二、测绘整理与总结

1. 资料整理及测绘实物整理

资料整理及测绘实物整理主要包括以下几项内容：

（1）整理全部零件图、装配图，将全部图纸进行汇总。

（2）整理全部原始资料，如测量记录、分解记录等。特别是测绘草图，一定要详细整理，并按要求填写原始数据并装订成册。

（3）整理全部标准件和常用件目录，如螺纹、齿轮、键、销、弹簧等资料。

（4）整理测绘对象。对测绘部件的各零件进行详细检查，并动手装配，恢复实物原样。

（5）整理测量工具及测绘工作场地。

2. 测绘总结

测绘工作完成后，要进行认真总结，为将来的设计积累实际经验，为后续课程的学习打下坚实的基础，养成良好的学习习惯和严谨细致的工作作风。

第四章　机械部件的测绘

第一节　齿轮油泵的测绘

一、齿轮油泵的工作原理及主要结构

齿轮油泵用于发动机的润滑系统，它将发动机底部油箱中的润滑油送到发动机上有关运动部件需要润滑的部位，如发动机的主轴、连杆、摇臂、凸轮颈等。

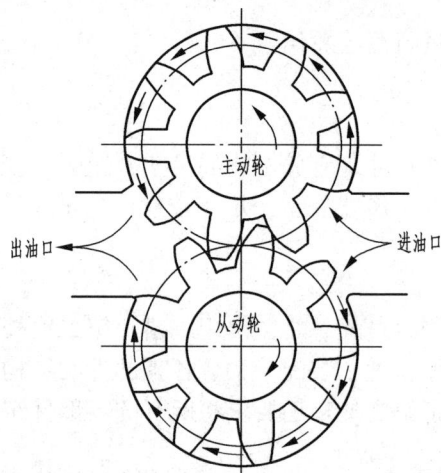

图 4-1　齿轮油泵的工作原理

齿轮油泵的工作原理如图 4-1 所示。当主动齿轮逆时针方向旋转时，带动从动齿轮做顺时针方向的旋转。这时右边啮合的轮齿逐渐分开，右边的空腔体积逐渐扩大，压力降低，机油（或其他液体）被吸入，齿隙中的油（或其他液体）随着齿轮的旋转被带到左边，而左边的轮齿又重新啮合，空腔体积变小，齿隙中不断挤出的机油（或其他液体）成为高压油（或其他液体），并由出口压出，经管道送到需要润滑的各零件处。

齿轮油泵装配示意图如图 4-2 所示，其装配明细表见表 4-1。在泵体内装有两个齿轮轴，一个是主动齿轮轴，另一个是从动齿轮轴，齿轮轴齿轮两侧轴段由轴套支撑，为防止油从主动齿轮轴外渗，用橡皮密封圈密封。该齿轮油泵转速在 750r/min 时，油压应为 0.4～0.6MPa。为使油压不超过该范围，在泵盖上装有限压阀装置，由锁紧螺母、调节螺钉、弹簧、钢珠定位圈和钢珠组成。当油压超过 0.6MPa，高压油就克服弹簧压力，将钢珠阀门顶开，使润滑油自压油腔流回吸油腔，以保证整个润滑系统安全工作。

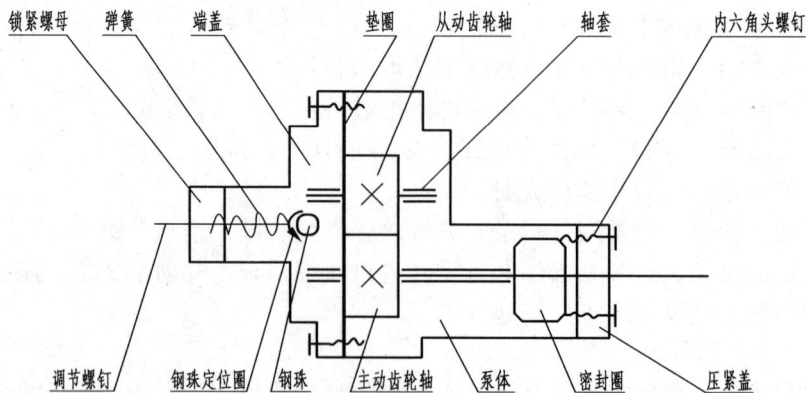

图 4-2　齿轮油泵装配示意图

表 4-1 　　　　　　　　　　　齿轮油泵装配明细表

序　号	名　称	数　量	材　料	备　注
1	泵 体	1	HT200	
2	密 封 圈	1	橡 胶	
3	压 紧 盖	1	HT200	
4	内六角头螺钉	6	Q235	
5	轴 套	4	ZQSn6-6-3	
6	从动齿轮轴	1	45	
7	垫 圈	1	工业用纸	
8	端 盖	1	HT200	
9	弹 簧	1	65Mn	
10	锁紧螺母	1		
11	调节螺钉	1		
12	钢珠定位圈	1	10	
13	钢 珠	1	40Cr	
14	主动齿轮轴	1	45	

二、齿轮油泵的拆卸顺序

齿轮油泵有两条装配线，一条是传动装配线，一条是泄压安全装配线。拆卸时，可分别按两条线进行。

传动装配线上有一对标准的圆柱齿轮，齿轮的两端由轴套固定。拧下端盖上的 4 个内六角头螺钉，泵体即与端盖分开，取下垫圈，就可以取出从动齿轮轴和主动齿轮轴。再拧下压紧盖上的 2 个内六角头螺钉，就把压紧盖与泵体分开，从泵体中拿出密封垫圈。

泄压安全装配线的拆卸，先卸下锁紧螺母，取出调节螺钉，弹簧、钢珠和钢珠定位圈即可取出。

三、齿轮油泵零件的测绘

齿轮油泵测绘过程中，零件图的数量由指导教师根据课时安排确定。下面主要介绍测绘中的有关问题。

1. 泵体的测绘

泵体是齿轮油泵的主要零件，它将齿轮轴和轴套组装在一起，使二者保证正确的相互位置，从而达到所要求的运动关系和工作性能。

（1）泵体的结构特点。泵体的结构形状比较复杂，外壁有各种形状的表面，内部有两个轴线平行的孔系，用于安装轴和轴套。泵体上有螺孔，用于与其他零件连接。泵体与端盖、压紧盖的接合面，具有适当宽度的连接凸缘，用以保证连接件的安装和改善密封条件。

（2）泵体测绘的方法。

1）分析确定尺寸基准。对泵体长度方向尺寸应以安装面为基准；宽度方向应以前后对称面为基准；高度方向应以主动齿轮孔的轴线为主要基准。

2）测量的尺寸应圆整，注意泵体与端盖、压紧盖上的关联尺寸应一致。

3）两轴孔的中心距测量方法如图 2-28 所示。

（3）泵体的技术要求。

1）为保证两齿轮正确啮合，泵体上两齿轮孔轴线相对轴套孔轴线应有同轴度要求；轴套孔轴线相对另一端孔轴线应有同轴度要求。

2）泵体表面粗糙度：主轴孔、从动轴孔和齿轮腔等间隙配合重要表面 Ra 值为 1.6，泵体与泵盖结合面 Ra 值为 3.2，螺孔 Ra 值为 6.3，底面等其他加工面 Ra 值为 12.5；不加工面为毛坯面。

3）未注明铸造圆角为 $R3\sim R5$。

4）材料 HT200。

2. 齿轮轴的测绘

（1）齿轮轴的结构特点。齿轮是齿轮泵的关键零件，它的质量直接关系到齿轮泵的传动和工作性能。齿轮的测绘就是根据实物确定出齿轮的基本参数及制造时所需要的尺寸，如模数 m、齿数 z、齿顶圆直径 d_a 等。

齿轮轴上的齿轮为连轴齿轮，而轴的主要功能是支撑轴上的零件（如轴套、密封圈等）并传递运动和扭矩。轴的形状取决于轴系零件在轴上的定位和固定，轴在泵体中的定位，以及轴在加工和装配中的工艺要求。轴向尺寸主要取决于轴系零件的尺寸和功能尺寸，径向尺寸主要取决于对轴的强度和刚度的要求。

（2）齿轮轴的测绘方法。

1）分析确定尺寸基准。为了保证两齿轮正确啮合，轴向尺寸应以齿轮端面为主要基准，对主动轮，根据结构和工艺要求，轴两端面为辅助基准；径向尺寸基准为其轴线。

2）测量及确定尺寸。对于轴的测量，可用游标卡尺或千分尺直接量取。凡轴、孔配合处，它们的基本尺寸应相同，测出的径向尺寸应该与配合零件的关联尺寸相一致。

（3）齿轮轴的技术要求。

1）表面粗糙度。主要配合表面及轮齿部分可选用 $Ra3.2$，其他加工表面可选用 $Ra12.5$。

2）尺寸公差要求。轴的径向尺寸公差可选用 f6，主动轴有键槽的轴段，径向公差选 h7，齿轮长度公差可选用 h7。

3）材料 45 钢。

3. 其他零件的技术要求

泵盖的技术要求如下：

（1）未注明铸造圆角 $R3$。

（2）泵盖表面粗糙度：主轴孔、从动轴孔等间隙配合重要表面 Ra 值为 1.6，泵体与泵盖结合面 Ra 值为 3.2，螺孔和其他加工面 Ra 值为 6.3。

（3）不加工表面应涂防锈漆。

（4）材料 HT200。

四、齿轮油泵装配图的画法

画装配图的过程前面章节已有介绍，这里只从表达方案、尺寸标注和技术要求三个方面进行讨论。

1. 齿轮油泵装配图的表达方案

主视图可通过两齿轮的轴线采用全剖视图表达泵体内部各零件之间的装配连接关系，对泵体与端盖的螺钉连接关系，可在主视图上采用规定画法旋转到剖切平面上画出。

左视图采用拆去端盖的投影，表达两齿轮的啮合情况和工作原理，同时表达出泵体的形状及螺钉的分布情况。进油口或出油口选其一作局部剖，反映油口与泵体腔的连接情况。

俯视图可采用局部剖，沿左边泄压装置的轴线剖开，表达出泄压装配线上各零件的装配连接关系；其余部分按俯视图投影画出。压紧盖与泵体上的螺钉连接，可在俯视图上用局部剖表达。

此外，还可根据齿轮油泵的结构选用局部视图，表达尚未表达清楚的外部形状。

2. 齿轮油泵装配图上应标注的尺寸

（1）性能尺寸：两齿轮轴的中心距，进口、出口油孔的螺孔大小。

（2）装配尺寸：轴与轴套、轴套与孔、齿轮与孔等。

（3）外形尺寸：量取齿轮泵的总长、总高和总宽尺寸。

（4）安装尺寸。

（5）其他重要尺寸。

3. 齿轮油泵技术要求

齿轮油泵公差配合的选择如下：

（1）主动齿轮轴及从动齿轮轴与泵体、泵盖的配合均为 $\phi\times\times$ H7/f6。

（2）齿轮的齿顶圆与泵体齿轮腔的配合为 $\phi\times\times$ H8/f7。

（3）齿轮两侧面与泵体泵盖配合为 $\times\times$ H8/h7。

（4）两齿轮中心距为 $\times\times$ H8。

（5）油泵装配好后，用手转动齿轮轴，不得有卡阻现象。

（6）油泵装配好后，齿轮啮合面应占全齿长的 2/3 以上，可根据印痕检查。

（7）油泵试验时，当转速为 750r/min 时，输出油压应为 0.4～0.6MPa。

（8）检查油泵压力时，各密封处应无渗漏现象。

第二节　机用虎钳的测绘

一、机用虎钳的工作原理和主要结构

机用虎钳是安装在机床工作台上用以夹持工件，以便进行切削加工的一种通用工具，如图 4-3 所示。从结构上可分为可调转角和不可调转角两种，下面介绍后者。

机用虎钳共有十一种零件，其中标准件四种，非标准件七种，图 4-4 所示为机用虎钳装配示意图，其装配明细表见表 4-2。该机用虎钳有一条装配线，螺杆 2 与圆环 10 之间通过圆锥销 11 连接，螺杆 2 只能在固定钳身 1 上转动。活动钳身 6 的底面与固定钳身 1 的顶面相接触，螺母 8 的上部安装在活动钳身 6 的孔中，它们之间通过螺钉 7 固定在一起，而螺母的下部与螺杆之间通过螺纹相连接。当转动螺杆 2 时，

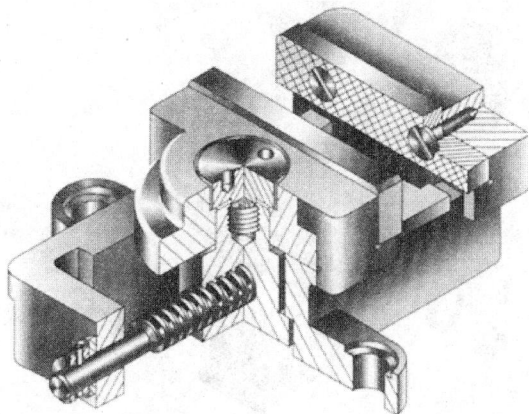

图 4-3　机用虎钳立体图

通过螺纹带动螺母8左右移动，从而带动活动钳身6左右移动，达到开、闭钳口夹持工件的目的。固定钳身1和活动钳身6上都装有钳口板，它们之间通过螺钉4相连接。为了便于夹紧工件，钳口板上应有滚花结构。

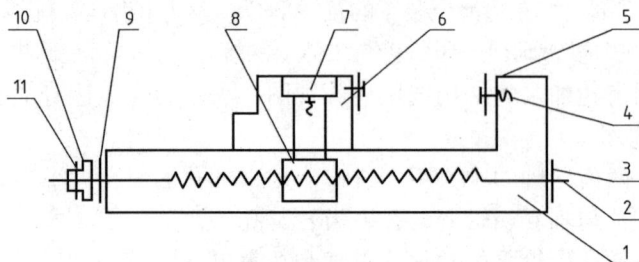

图4-4　机用虎钳装配示意图

表4-2　　　　　　　　　　　　机用虎钳装配明细表

序　号	名　　称	数　量	材　　料	备　　注
1	固定钳身	1	HT150	
2	螺　杆	1	45	
3	垫圈（一）	1		GB/T 97.2—2002
4	螺　钉	4	Q235	GB/T 68—2016
5	钳口板	2	45	
6	活动钳身	1	HT150	
7	螺　钉	1	Q275	
8	螺　母	1	35	
9	垫圈（二）	1		GB/T 97.2—2002
10	圆　环	1	35	
11	销	1	Q235	GB 117—2000

二、机用虎钳的拆卸顺序

机用虎钳的拆卸如图4-5所示，其拆卸顺序如下：用弹簧卡钳夹住螺钉7顶面的两个小孔，旋出螺钉7后，活动钳身6即可取下；拔出左端圆锥销11，卸下圆环10、垫圈9，然后旋转螺杆2，待螺母8松开后，从固定钳身1的右端即可抽出螺杆，再从固定钳身的下面取出螺母；拧开螺钉4，取下钳口板。

三、机用虎钳零件的测绘

1. 固定钳身

固定钳身的表达方案可参考装配图的方案，按照工作位置选择主视图。固定钳身左、右两轴孔是用来支承螺杆的，螺母及活

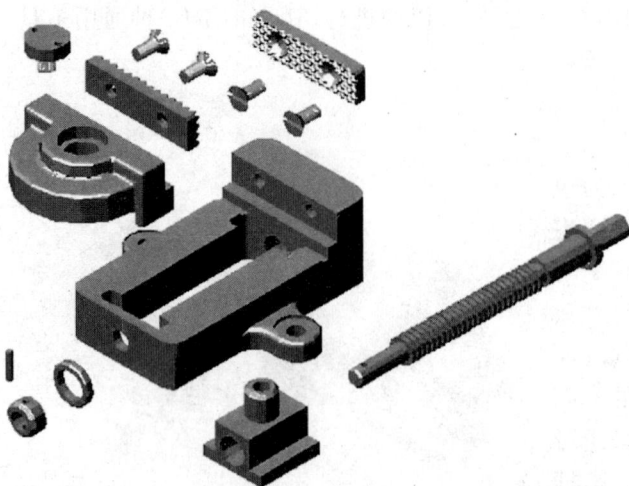

图4-5　机用虎钳的拆卸

动钳身通过螺杆带动并沿螺杆轴线左右移动。因此，两孔轴线应有同轴度要求，建议选用 φ0.04，同时两孔均应有尺寸公差的要求。为了保证螺母正常移动，该孔轴线到下方凹槽顶面的尺寸应有尺寸公差要求，建议选用 f8。各配合面及接触面均应考虑尺寸公差的要求。

2. 活动钳身

活动钳身的表达，主视图采用全剖，主要表达螺母、螺钉孔的结构；左视图通过前、后对称面采用半剖视图，兼顾内、外结构形状；俯视图为外形图，取局部剖视图表达螺孔的结构。

3. 螺杆

螺杆为典型的轴类零件，可根据轴类零件的图例确定表达方案。螺杆上的螺纹为矩形螺纹，应该用局部放大图表示其牙形并标注全部尺寸；螺杆右端为方榫，应该用移出断面图表示其断面形状，且便于标注尺寸；螺杆左端有圆锥销孔，用局部剖视图表达并注明"配作"。

4. 螺母

螺母的主视图可按工作位置考虑放置，并选用全剖视图，重点表达内部形状；左视图为外形图，重点表达外部形状。螺母与螺杆旋合，也应该用局部放大图表示其牙型，并标注尺寸。为了保证螺母的正常移动，螺母下部长方形块的上表面与螺孔轴线的相互位置应该有尺寸公差的要求，建议选用 H8。

对于以上零件各个表面均应考虑表面粗糙度要求，对主要配合面及接触面的表面粗糙度建议选取 $Ra1.6$，其他加工面选取 $Ra3.2$ 或 6.3，不加工表面为毛坯面。

四、机用虎钳装配图的画法

1. 机用虎钳装配图的表达方案

从部件的装配示意图及拆卸过程可以看出，十一种零件中有六种零件集中装配在螺杆 2 上，而且该部件前后对称。因此，可通过螺杆轴线剖开部件得到全剖的主视图。这样，有十种零件在主视图上可得到表示，并能够清晰地表达出零件之间的装配关系、相互位置及工作原理。左端圆锥销连接处可用局部剖视图表达。

左视图可将螺母轴线及活动钳身放置在固定钳身上安装孔的轴线位置，然后取半剖画出。这样，一半的剖视图上表达了固定钳身1、活动钳身6、螺钉7、螺母8之间的装配连接关系；另一半视图同时表达了虎钳一个方向的外形，内、外形状兼而有之。

俯视图可取外形图，侧重表达机用虎钳的外形，其次在外形图上取局部视图，表达出钳口板的螺钉连接关系。

主视图和俯视图也应将螺母及活动钳身放置在与左视图相同的位置画出，以保证视图之间投影的对应关系。

2. 机用虎钳装配图上应标注的尺寸

（1）性能尺寸：两钳口板之间的开闭距离表示虎钳所能夹持工件的大小，应标注其规格尺寸。

（2）装配尺寸：螺杆与固定钳身左右两端孔之间有配合，螺母上部与活动钳身的孔之间有配合，圆环与螺杆之间有配合，活动钳身与固定钳身宽度方向上有配合。这些配合部位均应标注出装配尺寸，前三种配合建议采用 H8/f7，后一种配合采用 H7/f6。

（3）外形尺寸：机用虎钳的总长、总高和总宽尺寸。

（4）安装尺寸：机用虎钳固定在机床上，应标注出安装孔的有关尺寸。

（5）其他重要尺寸：在设计过程中，经计算或选定的重要尺寸，如螺杆轴线到底面的距离等。

3. 机用虎钳的技术要求

（1）活动钳身移动应灵活，不得摇摆。

（2）装配后，两钳口板的夹紧表面应相互平行，钳口板上的连接螺钉头部不得伸出钳口板表面。

（3）夹紧工件后不允许自行将其松开。

第三节　滑动轴承的测绘

一、滑动轴承的工作原理和主要结构

滑动轴承是用来支撑轴及轴上零件的一种装置。滑动轴承由八种零件组成，其中螺栓、螺母和油杯为标准件。为便于轴的安装与拆卸，轴承做成中分式结构。因轴在轴承中转动，会产生摩擦和磨损，故上、下轴瓦采用耐磨、耐腐蚀的青铜瓦，分别安装在轴承盖和轴承座上，且采用油杯进行润滑，轴瓦上方及左、右两侧开有导油槽，使润滑更均匀；轴承盖与轴承座之间做成阶梯止口配合，以防两者之间发生横向错动。轴承固定套防止轴瓦发生转动。轴承座和轴承盖用一对螺栓和螺母连接在一起，采用双螺母防松。为了可以使用加垫片的方法来调整轴瓦和轴配合的松紧，轴承盖和轴承座之间应留有一定的间隙。

滑动轴承立体图及装配示意图如图4-6所示，其装配明细表见表4-3。

图4-6　滑动轴承立体图及装配示意图

表4-3　　　　　　　　　　　　　滑动轴承装配明细表

序　号	名　称	数　量	材　料	备　注
1	轴承座	1	HT150	
2	下轴瓦	1	ZQSn6-6-3	
3	轴承盖	1	HT150	
4	上轴瓦	1	ZQSn6-6-3	
5	轴承固定套	1	Q235	
6	螺栓	2	Q235	GB/T 5782—2016 M12×120
7	螺母	4	Q235	GB/T 6170—2015 M12
8	油杯	1		

二、滑动轴承的拆卸顺序

滑动轴承的拆卸顺序如下：首先拧下油杯，用扳手分别拆下两组螺栓连接的螺母，取出螺栓，轴承盖和轴承座即分开；再从轴承盖上取出上轴瓦，从轴承座上取出下轴瓦，拆卸完毕。

拆卸过程，对于不可拆连接（如焊接、铆接、过盈配合）一般不拆，对于较紧配合的也可以不拆。装在轴承盖中的轴承固定套属于过盈配合，可不拆。

第四节　安全阀的测绘

一、安全阀的工作原理和主要结构

安全阀是介质（油或其他液体）管路中的一个部件，用以使过量的油（或液体）流回到油箱中，以确保管路安全。工作时，阀门 2 在弹簧 3 的压力下关闭，油从阀体 1 右端孔流入、从下部孔流出至工作部件。当管路由于某种原因获得过量油而致使压力增大，并且超出弹簧压力时，阀门 2 即被打开，过量的油从阀体 1 和阀门 2 之间的间隙中流出，从左端管道流入油箱，从而保证管路安全。当压力下降后，弹簧 4 又将阀门 2 压下，使之关闭。

阀门 2 的启闭由弹簧 3 控制，弹簧 3 的压力大小可通过螺杆 7 进行调节。阀门 2 中的螺孔的作用为安装连接螺杆，使研磨阀门与阀体接触锥面时带动阀门转动，安装阀门。阀门 2 下部两个横向小孔的作用为快速溢流，以减小阀门运动的背压力，拆卸阀门。

阀罩 6 通过紧固螺钉 9 与阀盖 5 连接，起保护螺杆免受触动或损伤的作用。阀体 1 中装阀门的孔采用四个凹槽结构，是为了减小加工面并降低阀门运动时的摩擦阻力。安全阀立体图和装配示意图如图 4-7 所示。

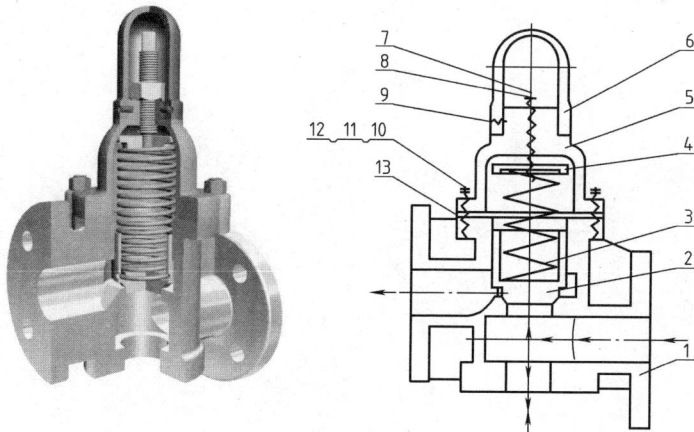

图 4-7　安全阀立体图及装配示意图

表 4-4　　　　　　　　　　安全阀装配明细表

序　号	名　称	数　量	材　料	备　注
1	阀　体	1	ZL101	
2	阀　门	1	H62	
3	弹　簧	1	碳素弹簧钢丝	

续表

序　号	名　称	数　量	材　料	备　注
4	弹簧托盘	1	H63	
5	阀　盖	1	ZL101	
6	阀　罩	1	AL101	
7	螺　杆	1	Q235	
8	螺　母	1	Q235	GB/T 6170—2015 M10
9	紧固螺钉	1	Q235	GB/T 3098.1—2010 M5×8
10	螺　柱	4	Q235	GB/T 900—1988 M5×16
11	垫　圈	4	Q235	GB/T 97.1—2002
12	螺　母	4	Q235	GB/T 6170—2015 M5
13	垫　片	1	硬纸片	

二、安全阀拆卸顺序

首先旋出紧固螺钉 9，取下阀罩 6；其次旋出螺母 8，将螺杆 7 从阀盖上拧下；再卸下螺母 12，取下垫圈 11，旋出螺柱 10，即可拿下阀盖 5；取出弹簧托盘 4、弹簧 3 及垫片 13。对于阀门 2 的拆卸，可先用小棒插入阀门的横向小孔内，然后将连接螺杆拧入螺孔中，即可拆出阀门。

第五章　机械零部件的拆卸与装配

第一节　机械零部件的拆卸

机器经过长期使用后，需要拆卸机器进行检查和修配。拆卸是修配工作中的重要环节。

一、机械零部件拆卸的一般规则和要求

任何机械设备都是由许多零部件组合而成的。当进行修理时，必须经过拆卸才能对失效的零部件进行修复或更换。如果拆卸不当，往往会造成零部件损坏、设备精度降低，有时甚至无法修复。机械零部件的拆卸是为了便于检查和修理，通常拆卸工作约占整个修理工作量的 20%。因此，为保证修理质量，在拆卸前，必须周密计划，有步骤地进行拆卸，一般应遵循下列原则。

1. 拆卸前的准备工作

(1) 拆卸场地的选择与清理。拆卸前应选择好工作地点，不要选在有风沙、尘土的地方。

(2) 保护措施。在清洗机器设备外部之前，应预先拆下或保护好电气设备，以免受潮损坏。对于易氧化、锈蚀等零件，要及时采取相应的保护措施。

(3) 拆前放油。尽可能在拆卸前将机械设备中的润滑油放出，以利于拆卸工作的顺利进行。

(4) 了解机械设备的结构、性能和工作原理。为避免拆卸工作中的盲目性，确保修理工作的正常进行，在拆卸前，应详细了解机械设备各方面的状况，熟悉各个部分的结构特点，以及零部件的结构特点和配合关系，明确其用途和相互间的作用，以便合理安排拆卸步骤，选用适宜的拆卸工具或设施。

2. 拆卸的一般原则

(1) 根据机械设备的结构特点，选择合理的拆卸步骤。机械设备的拆卸顺序，一般是先由整体拆成总成，再由总成拆成部件，由部件拆成零件，或由附件到主机，由外部到内部。在拆卸比较复杂的部件时，必须熟读装配图，详细分析部件的结构及零件在部件中所起的作用，特别应注意那些装配精度要求高的零部件。这样，可以避免混乱，达到便于清洗、检查和鉴定的目的，为修理工作打下良好的基础。

(2) 合理拆卸。在机器设备的修理拆卸中，应坚持能不拆则不拆、该拆的必须拆的原则。若零部件不必拆卸就可符合要求就不必拆开，这样不但可减少拆卸的工作量，还能延长零部件的使用寿命。例如，过盈配合的零部件拆装次数过多会使过盈量消失而致使装配不紧固；对较精密的间隙配合件，拆后再装，很难恢复已磨合的配合关系，从而加速零件的磨损。但是，对于不拆开难以判断其技术状态而又可能产生故障，或无法进行必要保养的零部件，一定要拆开。

(3) 正确使用拆卸工具和设备。在弄清楚拆卸机械零部件的步骤后，合理选择和正确使用相应的拆卸工具是很重要的。拆卸时，应尽量采用专用的或合适的工具和设备，避免乱敲乱打，以防零件损伤或变形。例如，拆卸轴套、滚动轴承、齿轮、带轮等，应该使用拉轮器或压力机；拆卸螺柱或螺母，应尽量采用尺寸相符的呆扳手。

3. 拆卸时的注意事项

在机械设备修理中，拆卸时还应考虑到修理后的装配工作，为此应注意以下事项：

（1）对拆卸零件要进行核对、做好记号。机械设备中有许多配合的组件和零件，因为经过选配、重量平衡等原因，装配的位置和方向均不允许改变。例如，汽车发动机中各缸的挺杆、推杆和摇臂，在运行中各配合副表面得到较好的磨合，不宜变更原有的匹配关系；多缸内燃机的活塞连杆组件，是按重量成组选配的，不能在拆装后互换。因此，在拆卸时，有原记号的零部件要加以核对，如果原记号已错乱或不清晰，则应按原样重新标记，以便安装时对号入座。

（2）分类存放零件。对拆卸下来的零件存放应遵循如下原则：同一总成或同一部件的零件应尽量放在一起；根据零件的大小与精密度分别存放；不应互换的零件要分组存放；怕脏、怕碰的精密零部件应单独拆卸与存放；怕油的橡胶件不应与带锈的零件一起存放；易丢失的零件，如垫圈、螺母要用铁丝串在一起或放在专门的容器里，各种螺柱应装上螺母存放。

（3）保护拆卸零件的加工表面。在拆卸的过程中，一定不要损伤拆卸下来的零件加工表面，否则将给修复工作带来麻烦，并会因此引起漏气、漏油、漏水等故障，还会导致机械设备的技术性能降低。

二、常用零部件的拆卸方法

常用零部件的拆卸应遵循拆卸的一般原则，结合各自的特点采用相应的拆卸方法来达到拆卸的目的。

1. 主轴部件的拆卸

主轴部件在装配时，其轴承及垫圈、轴承外壳、主轴等零件的相对位置是以误差相消法来保证的。为了避免拆卸不当而降低装配精度，在拆卸时，轴承、垫圈及主轴在圆周方向的相对位置上都应做上记号，拆卸下来的轴承及内外垫圈各成一组，分别摆放。拆卸处的工作台及周围场地必须保持清洁，拆下的零件放入油内以防生锈。装配时仍需按原记号方向装入。

2. 齿轮副的拆卸

为了提高传动链的精度，对传动比为1的齿轮副采用误差相消法装配，即使一外齿轮的最大径向跳动处的齿间与另一个齿轮的最小径向跳动处的齿间相啮合。为避免拆卸后再装配误差不能相消除，拆卸时在两齿轮的相互啮合处做上记号，以便装配时恢复原精度。

3. 轴上定位零件的拆卸

在拆卸齿轮箱中的轴类零件时，必须先了解轴的阶梯方向，进而决定拆卸轴时的移动方向，然后拆去两端轴盖和轴上的轴向定位零件，如紧固螺钉、圆螺母、弹簧垫圈、保险弹簧等零件。先要松开安装在轴上的齿轮、轴套等不能通过轴盖孔的零件的轴向紧固件，并保证轴上的键能随轴一起通过各孔，才能用木锤击打轴端对轴进行拆卸；否则不仅拆不下轴，还会造成对轴的损伤。

4. 螺纹连接的拆卸

螺纹连接在机械设备中是最为广泛的连接方式，它具有结构简单、调整方便、可多次拆卸装配等优点。其拆卸虽然比较容易，但往往因重视不够、工具选用不当、拆卸方法不正确等造成损坏。因此拆卸螺纹连接件时，一定要注意选用合适的呆扳手或一字旋具，尽量不使用活动扳手。对于较难拆卸的螺纹连接件，应先弄清螺纹的旋向，不要盲目乱拧或用过长的加力杆。拆卸双头螺柱，要用专用扳手。

5. 过盈配合件的拆卸

拆卸过盈配合件，应视零件配合尺寸和过盈量的大小，选择合适的拆卸方法、工具和设备，如拉轮器、压力机等，不允许使用铁锤直接敲击零部件。在无专用工具的情况下，可用木锤、铜锤、塑料锤或垫以木棒（块）、铜棒（块）用铁锤敲击。无论使用何种方法拆卸，都要检查有无销钉、螺钉等附加固定或定位装置，若有应先行拆下；施力部位必须正确，以使零件受力均匀、不歪斜，如轴类零件，力应作用在受力面的中心；要保证拆卸方向的正确性，尤其是带台阶、有锥度的过盈配合件的拆卸。滚动轴承的拆卸属于过盈配合件的拆卸范畴，它的使用范围较广，又有其自身的拆卸特点，所以在拆卸滚动轴承时，不但遵循过盈配合件的拆卸要点，还要考虑其自身的特殊性。

6. 不可拆连接件的拆卸

不可拆连接件有焊接件、铆接件等，焊接、铆接属于永久性连接，在修理时通常不进行拆卸。

三、零件的清洗和检验

1. 零件的清洗

拆卸后的机械零件进行清洗是修理工作的重要环节。清洗方法和清理质量，对设备的修复质量、修理成本、使用寿命等都将产生重要影响。

零件的清洗包括清除油污、水垢、积碳、锈层、涂装层等。

（1）除油污。清除零件上的油污，常采用清洗液，如有机溶剂、碱性溶液、化学清洗液等。清洗方法有擦洗、喷洗、浸洗、气相清洗、超声波清洗等。清洗方式有人工清洗和机械清洗。

机械设备修理中常用擦洗的方法去除零件表面的油污，即将零件放入装有煤油、轻柴油或化学清洗剂的容器中，用棉纱擦洗或用毛刷刷洗。这种方法操作简便、设备简单，但效率较低，适用于单件小批生产的中小型零件及大型零件工作表面。一般不宜用汽油作清洗剂，因其有溶脂性，会损害身体且容易造成火灾。

喷洗是将具有一定压力和温度的清洗液喷射到零件表面，以清除油污。这种方法清洗效果好、生产效率高，但设备较复杂，适用于零件形状不太复杂、表面有较严重油垢的零件清洗。

（2）除锈。零件表面的腐蚀物，如钢铁零件的表面锈蚀，在机械设备修理中，为保证修理质量，必须彻底清除。根据具体情况，目前主要采用机械、化学、电化学等方法除锈。

机械法除锈是利用机械摩擦、切削等作用清除零件表面锈层，常用方法有刷、磨、抛光、喷砂等。单件小批生产或修理中可由人工打磨锈蚀表面；成批生产或有条件的场合，可采用机械法除锈，如电动磨光、抛光、滚光等。

化学法除锈是利用一些酸性溶液溶解金属表面的氧化物，以达到除锈的目的。目前，使用的化学溶液主要是硫酸、盐酸、磷酸或其混合溶液，并加入少量的缓蚀剂。其工艺过程是脱脂→水冲洗→除锈→水冲洗→中和→水冲洗→去氢。为保证除锈效果，一般都将溶液加热到一定的温度，严格控制时间，并根据被除锈零件的材料采用合适的配方。

电化学法除锈又称电解腐蚀，这种方法可节约化学药品，除锈效率高、效果好，但消耗能量大且设备复杂。

（3）清除涂装层。清除零件表面的保护涂装层，可根据涂装层的损坏程度和保护涂装层的要求，进行全部或部分清除。涂装层清除后，要冲洗干净，准备再喷刷新涂层。

清除方法一般是采用手工工具，如刮刀、砂纸、钢丝刷或手提式电动、风动工具，进行刮、磨、刷等。有条件时可采用化学方法，即用各种配制好的有机溶剂、碱性溶液退漆剂等，将溶剂涂刷在零件的漆层上，使之溶解软化，然后再用手工工具进行清除。

2. 零件的检验

零件检验的内容包括修前检验、修后检验和装配检验。

修前检验是在机械设备拆卸后进行，对于已确定需要修复的零件，可根据零件损坏情况及生产条件确定适当的修复工艺，并提出修理技术要求；对报废的零件，要提出需要补充的备件型号、规格和数量，没有备件的需提出零件工作图或测绘草图。

修后检验是指检验零件加工后或修理后的质量是否达到了规定的技术要求，以确定该零件是成品、废品还是返修品。

装配检验是指检查待装零件（包括修复零件和新零件）质量是否合格、能否满足装配的技术要求。在装配过程中，对每道工序或工步进行检验，以免装配过程中中间工序不合格影响装配质量。组装后，检验累积误差是否超过装配的技术要求。机械设备总装后进行试运转，检验工作精度、几何精度及其他性能，以检查修理质量是否合格，同时进行必要的调整工作。

3. 编制修换零件明细表

根据零件检查的结果，可编制、填写修换零件明细表。明细表一般可分为修理零件明细表、缺损零件明细表、外购外协件明细表、标准件明细表等。

第二节　机械零部件的装配

机械产品往往由许多零件组成，装配就是把加工好的零件按一定的顺序和技术要求连接到一起，成为一部完整的机械产品，并且可靠地实现产品设计的功能。装配处于产品制造所必需的最后阶段，产品的质量最终通过装配得到保证和检验。因此，装配是决定产品质量的关键环节。研究制订合理的装配工艺，采用有效的保证装配精度的装配方法，对提高产品质量有着十分重要的意义。

一、机械装配的基本知识

零件是组成产品的最小单元。机械装配中，一般先将零件装成套件、组件和部件，然后再装配成产品。

套件是在一个基准零件上安装一个或若干个零件而构成的，它是最小的装配单元。套件中基准零件的作用是连接相关零件和确定各零件的相对位置。为套件而进行的装配称为套装。套件装配好之后，在后续的装配过程中可将其为一个零件，不再分开，如双联齿轮。

组件是在一个基准零件上安装若干套件及零件而构成的。组件中唯一的基准零件的作用是连接相关零件和套件，并确定它们的相对位置。为形成组件而进行的装配称为组装。组件中可以没有套件，即由一个基准零件和若干个零件组成。组件与套件的区别在于，组件在以后的装配中可拆卸，如机床主轴箱中的主轴组件。

部件是在一个基准零件上安装若干组件、套件和零件而构成的。部件中唯一的基准零件的作用是连接各个组件、套件和零件，并决定它们之间的相对位置。为形成部件而进行的装配称为部装。部件在产品中能完成一定完整的功能。机床中的主轴箱就是一个部件。

在一个基准零件上安装若干部件、组件、套件和零件就成为整个产品。同样，一部产品中只有一个基准零件，作用与上述相同。为形成产品而进行的装配称为总装。例如，卧式车床便是以床身作为基准零件，再安装上主轴箱、进给箱、溜板箱等部件及其他组件、套件、零件而构成的。

二、机械零部件装配

1. 装配前的准备工作

（1）熟悉机械设备及各部件的装配图和有关技术要求。了解机械设备及零部件的结构特点，各零部件的作用，相互连接关系及连接方式。有配合要求、运动精度较高或有其他特殊技术条件的零部件，应尤其重视。

（2）根据零部件的结构特点和技术要求，确定合适的装配工艺。准备好必备的工具、量具、夹具和材料。

（3）按清单清理检测各备装零件的尺寸精度与制造或修复质量，核查技术要求，凡有不合格者一律不得装配。对于螺柱、键、销等标准件稍有损伤者，应予以更换，不得勉强留用。

（4）零件装配前必须进行清洗。对经过钻孔、铰削、镗削等机械加工的零件，要将金属屑清除干净；润滑油道要用高压空气或高压油吹洗干净；相对运动的配合表面要保持洁净，以免因脏物、尘粒等进入而加速配合件表面的磨损。

2. 装配的一般工艺原则

装配顺序应与拆卸顺序相反。要根据零部件的结构特点，采用合适的工具或设备，严格仔细地按顺序装配，注意零部件之间的方位和配合精度要求。

（1）对于过渡配合和过盈配合零件的装配，如滚动轴承的内、外圈等，必须采用相应的铜棒、铜套等专用工具和工艺措施进行手工装配，或按技术条件借助设备进行加温加压装配。如果遇到装配困难，应先分析原因，排除故障，提出有效的改进方法，再继续装配，千万不可乱敲乱打，鲁莽行事。

（2）配合表面要经过仔细检查、擦拭干净，若有毛刺应经修整后方可装配。

（3）凡是摩擦表面，装配前均应涂上适量的润滑油，如轴颈、轴承、轴套、活塞、活塞销、缸壁等。各部件的密封垫（如纸板、石棉、钢皮、软木垫等）应统一按规格制作。机械设备中的各种密封管道和部件，装配后不得有渗漏现象。

（4）过盈配合件装配时，应先涂润滑油脂，以利于装配并减少配合表面的初磨损。另外，装配时应根据零件拆卸下来时所做的各种安装记号进行装配，以防装配出错而影响装配进度。

（5）对某些有装配技术要求的零部件，如装配间隙、过盈量、灵活度、啮合印痕等，应边安装边检查，并随时进行调整，以免装配后返工。

（6）在装配前，要对有平衡要求的旋转零件按要求进行静平衡或动平衡试验，合格后才能装配。

（7）每一个部件装配完毕，必须严格仔细地检查和清理，防止有遗漏或错装的零件。严防将工具、多余零件及杂物留存在箱体之中，确信无误之后，再进行手动或低速试运行，以防机械设备运转时发生意外。

3. 机械设备的组成及零部件的连接方式

（1）机械设备的组成。按装配工艺划分，机械设备可分为零件、套件、组件及部件。在有关标准文件中也将套件、组件统称为部件。

（2）零部件之间的连接方式。零部件之间的连接一般可分为固定连接和活动连接两类。每类连接又分为可拆卸和不可拆卸两种。

1）固定连接。固定连接能保证装配后零部件之间的相互位置关系不变。固定可拆卸连接在装配后可以很容易地拆卸而不致损坏任何零部件，拆卸后仍可重新装配在一起，常用的有螺纹连接、销连接等结构形式。固定不可拆卸连接在装配后一般不再拆卸，一旦拆卸，就会破坏其中的某些零部件，常用的有焊接、铆接、胶接、注塑等工艺方法。

2）活动连接。活动连接要求装配后零部件之间具有一定的相对运动关系。活动可拆卸连接常见的有圆柱面、球面、螺旋副等结构形式。活动不可拆卸连接可用铆接、滚压等工艺方法实现，如滚动轴承等的装配就属于此类连接。

4. 装配精度

机械设备的质量是以其工作性能、使用效果、精度、寿命等指标综合评定的，主要取决于结构设计的正确性、零件的加工质量及其装配精度。装配精度一般包括以下三个方面：

（1）各部件的相互位置精度，包括距离精度、同轴度、平行度、垂直度等。

（2）各运动部件之间的相对运动精度，包括直线运动精度、圆周运动精度、传动精度等。例如在滚齿机上加工齿轮时，滚刀与工件的回转运动应保持严格的速比关系，若传动链的某个环节（如传动齿轮、蜗轮副等）产生了运动误差，将会影响被切齿轮的加工精度。

（3）配合表面之间的配合精度和接触质量。配合精度是指配合表面之间达到规定的配合间隙或过盈的接近程度，它直接影响配合的性质。接触质量是指配合表面之间接触面积的大小和分布情况，它主要影响相配零件之间接触变形的大小，从而影响配合性质的稳定性和寿命。

一般来说，机械设备的装配精度要求高，则零件的加工精度要求也高。但是，如果根据生产实际情况制订出合理的装配工艺，也可以用加工精度较低的零件装配出装配精度较高的机械设备。反之，即使零件精度较高，而装配工艺不合理，也达不到较高的装配精度。因此，零件精度与装配精度的关系对制订机械设备的装配工艺是非常必要的。

三、装配工艺过程及装配的组织形式

装配工艺过程一般由装配前的准备，包括以下五个部分：装配前的检验、清洗等，装配工作，校正（或调试），检验（或试车），油封和包装。

装配工艺过程通常是按工序和工步的顺序编制的。由一个工人（或一组工人）在一个工作地点或不更换设备的情况下对几个或全部零部件连续进行的装配工作，称为装配工序。使用同一工具且不改变工作方法，称为工步。在一个装配工序中可以包括一个或几个工步。

装配的组织形式可分为固定式装配和移动式装配两种。

1. 固定式装配

固定式装配是指一台机械设备或部件的装配工作全部固定在一个装配工作地点（或一个装配小组里）进行，所有的零件或部件都输送到这一装配地点（或装配小组里）。它又分为集中装配和分散装配两种形式。

（1）集中装配：指由一个工人或一组工人在一个工作地点完成某一机械设备的全部装配工作。在单件和小批量生产或机械设备修理中采用这种装配组织形式。

（2）分散装配：指将产品划分为若干个部件，由若干个工人或小组，以平行的组织形式进行装配，然后再将装配好的部件和零件一起总装成产品。这种装配组织形式最适用于品种较多、批量较大的产品生产，也适用于较复杂的大型机械设备的装配。

2. 移动式装配

移动式装配是指产品按一定的顺序、以一定的速度，从一个工作位置移动到另一个工作位置，在每一个工作位置上只完成一部分装配工作。根据其对移动速度的限制程度又分为自由移动装配和强制移动装配两种形式。

（1）自由移动装配：指对移动速度无严格限制的移动式装配。它适用于修配工作量较多的装配。

（2）强制移动装配：指对移动速度有严格限制的移动式装配。每一道工序完成的时间都有严格要求，否则整个装配将无法进行。强制移动装配又分为间断移动装配和连续移动装配。前者的装配对象以一定周期定期移动；后者的装配对象连续不停地移动。移动式装配适用于大批量生产单一产品的装配作业，如汽车制造的装配。它的特点是生产效率高、对工人技术水平的要求不高、质量容易保证，但工人劳动强度较大。

四、装配方法

获得机械设备装配精度的工艺方法可以归纳为五种：完全互换法、部分互换法、选配法、修配法和调整法。以上五种装配方法各有不同特点和应用场合，但都要用尺寸链原理验算其装配精度。在机械设备的修理装配中，较为常用的是完全互换法、修配法和调整法三种，有时这几种方法需要一起使用。

（1）完全互换法。完全互换法装配是指不经任何选择、修配或调整，将加工合格的零件装配成符合精度要求的机械设备。这种装配方法的实质就是控制零件加工误差以保证装配精度。

（2）修配法。修配法是将零件的公差放大制造，使零件装配时能够有一定的返修余量，经过个别零件的修配加工，最后达到所要求的装配精度。

（3）调整法。调整法是将补偿件移动一定的距离，或者装入一个具有补偿量的补偿零件来实现误差的补偿。

本章只对机械零部件的拆卸与装配进行了简略的介绍，使我们对机械零部件的拆卸与装配有一个基本的认识，其详细内容和具体操作方法，在随后的机械设计、机械制造基础、机械加工工艺等课程中，会进行详细的讲解。

第六章　用计算机绘制零件图和装配图

　　AutoCAD在机械设计方面得到了广泛的应用。它彻底改变了传统的绘图模式，将设计人员从繁重的手工绘图中解脱出来，极大地提高了绘图速度，避免了简单重复性的工作，提高了工作效率。CAD软件的基本画图方法和技巧同样是高职院校学生应掌握的一项基本技能。在零件测绘专周里，要练习零件草图的绘制，根据零件草图拼画装配图，最后还需要在计算机上，画出零件工作图和装配图。为了提高绘制零件图和装配图的质量和速度，下面介绍用AutoCAD软件绘制零件图和装配图的方法。

第一节　零　件　图　的　绘　制

一、绘图的准备工作

（一）设置绘图环境

　　用AutoCAD软件绘制零件图和装配图，首先要设置绘图环境。设置绘图环境应包括下面几个方面内容。

　　1. 设置绘图界限

　　设置绘图界限相当于选择图纸大小，是在画图前假想的一个绘图区间。图形界限设置好之后，所有的绘图工作就在限定的区间内进行。

　　设置绘图界限有下面两种方法：

　　（1）在命令行输入limits，按Enter键，根据提示进行操作。

　　（2）单击"格式"菜单，选择"图形界限"命令，再根据提示进行操作。

　　2. 设置图形单位

　　图形单位主要有两种，一种是长度单位，另一种是角度单位。在绘图前必须明确绘图的单位。

　　设置绘图单位的方法也有两种：

　　（1）在命令行输入units，按Enter键，根据提示进行操作。

　　（2）单击"格式"菜单，选择"单位"命令，再根据对话框的内容进行设置。

　　3. 配置绘图系统

　　配置绘图环境系统是非常重要的，使用习惯的绘图环境系统能提高绘图效率。在Auto-CAD 2014中文版中，单击"工具"菜单，选择"选项"命令，弹出如图6-1所示的对话框。在对话框里可对绘图界面颜色、十字光标大小、自动保存时间、对象捕捉和自动跟踪、夹持点大小颜色等进行一系列设置。

　　4. 设置与管理图层

　　在绘制零件图前应根据绘图标准进行图层设置。图层设置好之后，可以将该图层的状态存储在样板图样中，绘图时直接调用，这样可节约绘图时间，提高作图效率。

　　（1）创建图层。创建图层是绘制图形所必需的，在绘图前应根据绘图标准进行图层设

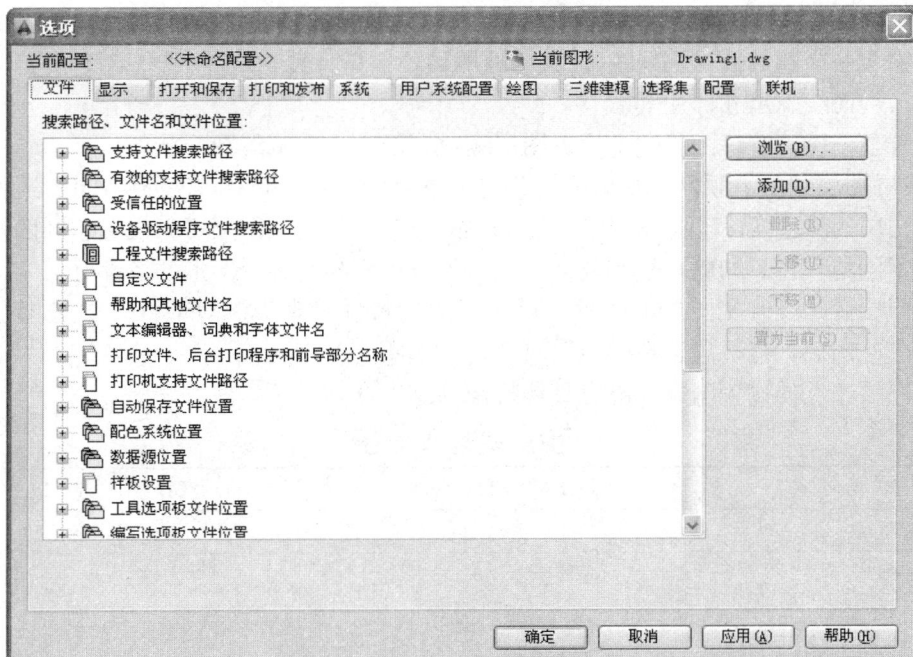

图 6-1　"选项"对话框

置。创建图层的方法有以下三种：

1）在目录行输入 layer，按 Enter 键，根据提示操作。

2）单击"格式"菜单，选择"图层"命令，再根据对话框的内容进行设置。

3）在"图层"工具栏中单击"图层特性管理器"按钮，弹出如图 6-2 所示的对话框，再单击"新建图层"按钮，即可新建图层。

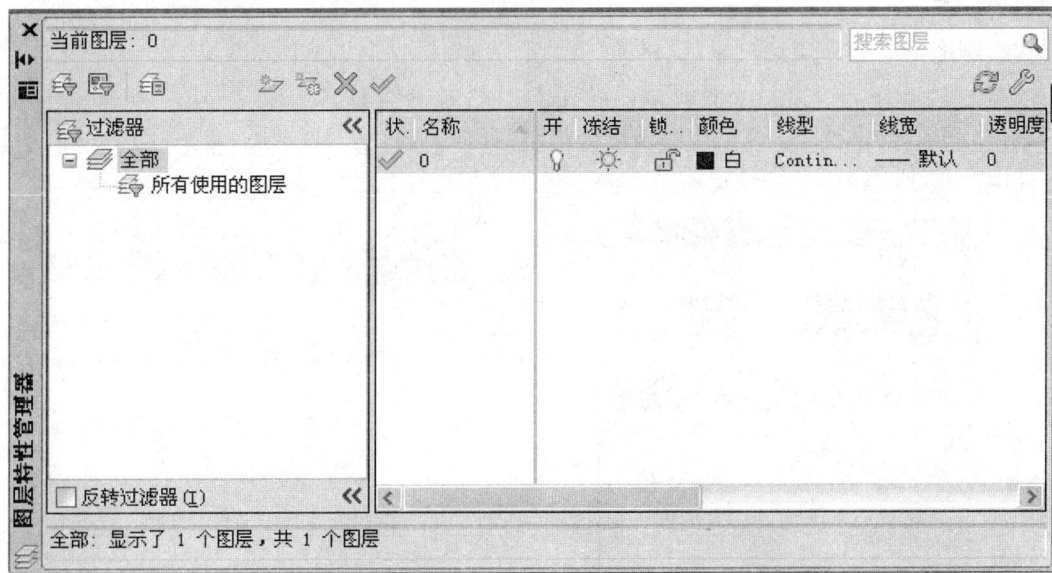

图 6-2　"图层特性管理器"对话框

　　创建图层后，图层的名称将显示在图层列表框中。如果要更改图层名称，可单击该图层名，然后输入一个新的图层名称并按确定键即可。一般图层名可直观命名为粗实线、中心线、虚线、剖面线、尺寸标注等。

　　（2）管理图层。管理图层包括设置图层颜色、线型、线宽等图层状态。

　　1）设置图层颜色。颜色在图形中具有非常重要的作用，可用来表示不同的组件、功能和区域。图层的颜色实际上是图层中图形对象的颜色，不同的图层可以设置相同的颜色，也可以设置不同的颜色。如此，绘制复杂图形时可以很容易地区分图形的各部分。

　　新建图层后，要改变图层的颜色，可在"图层特性管理器"对话框中单击图层的"颜色"列对应的图标，打开"选择颜色"对话框，如图 6-3 所示。

　　对于图层颜色的设置国家标准有具体规定（见表 6-1）。

表 6-1　　　　　　　　　　　图 层 颜 色 的 设 置

图 层 名	GB/T 18229—2000	GB/T 14665—1998
粗 实 线	白 色	绿 色
细 实 线	绿 色	白 色
波 浪 线		
双 折 线		
虚　　　线	黄 色	黄 色
细 点 画 线	红 色	红 色
粗 点 画 线	棕 色	棕 色
双 点 画 线	粉 红 色	粉 红 色

　　2）设置图层线型。线型是指图形基本元素中线条的组成和显示方式，如虚线、实线等。在 AutoCAD 中既有简单线型，也有由一些特殊符号组成的复杂线型，可以满足不同行业标准的要求。

　　在绘制图形时要使用线型来区分图形元素，这就需要对线型进行设置。默认情况下，图层的线型为 Continuous。要改变线型，可在图层列表中单击"线型"列的 Continuous，打开"选择线型"对话框，在"已加载的线型"列表框中选择一种线型，然后单击"确定"按钮，如图 6-4 所示。

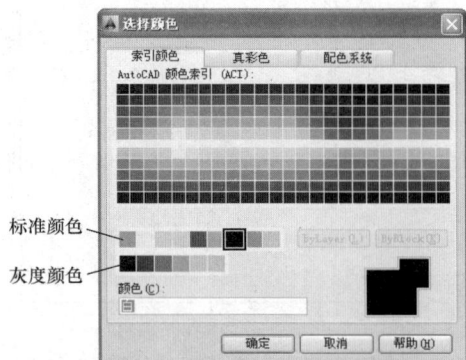

图 6-3　"选择颜色"对话框　　　　　　图 6-4　"选择线型"对话框

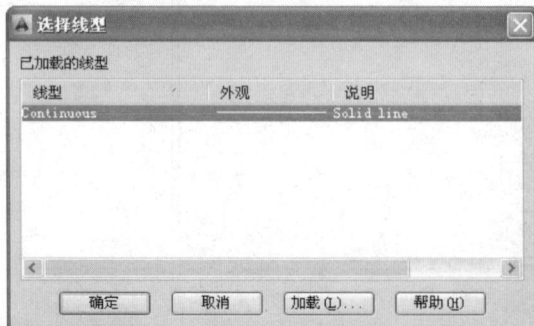

　　默认情况下，在"选择线型"对话框的"已加载的线型"列表框中只有 Continuous 一种线型，如果要使用其他线型，必须将其添加到"已加载的线型"列表框中。可单击"加载"按钮打开"加载或重载线型"对话框，从当前线型库中选择需要加载的线型，然后单击"确定"按钮，如图 6-5 所示。

图 6-5　"加载或重载线型"对话框

　　3）设置线型比例。单击"格式"菜单，选择"线型"命令，打开"线型管理器"对话框，可设置图形中的线型比例，从而改变非连续线型的外观，如图 6-6 所示。

　　4）设置图层线宽。线宽设置就是改变线条的宽度。在 AutoCAD 中，使用不同宽度的线条表现对象的大小或类型可以提高图形的表达能力和可读性。要设置图层的线宽，可以在"图层特性管理器"对话框的"线宽"列中单击该图层对应的线宽"——默认"，打开"线宽"对话框，有 20 余种线宽供选择，如图 6-7 所示。

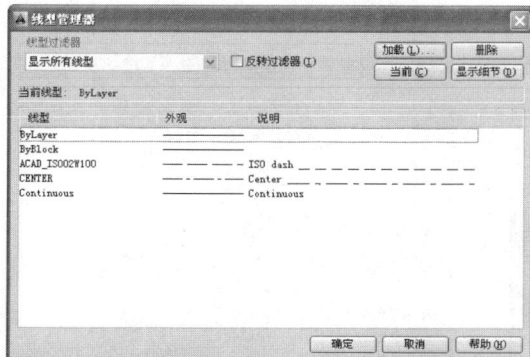

图 6-6　"线型管理器"对话框

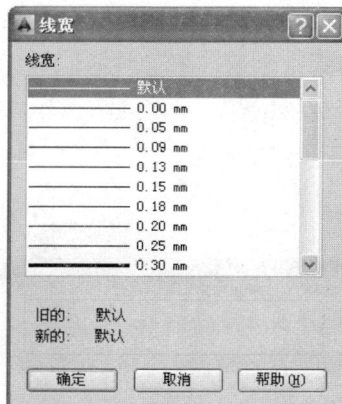

图 6-7　"线宽"对话框

　　5. 建立尺寸标注样式

　　在一张机械图样中，通常有多种尺寸标注形式，应根据需要把绘图中常用的尺寸标注形式一一创建为标注样式。在使用时可以直接调用，避免尺寸变量的反复设置，这样不但可以提高绘图效率，且便于修改。

下面介绍创建标注样式的步骤。

（1）单击"标注"菜单，选择"样式"命令，打开如图 6-8 所示的"标注样式管理器"对话框。

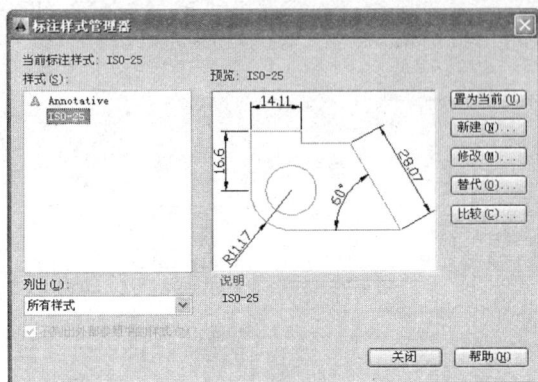

图 6-8　"标注样式管理器"对话框

（2）在"标注样式管理器"对话框中，单击"新建"按钮，弹出"创建新标注样式"对话框。

（3）在"创建新标注样式"对话框的"新样式名"编辑框中输入新样式名"机械标注"，在"基础样式"下拉框中选择用作新样式的起点样式。如果没有创建样式，将以标准样式 ISO-25 为基础创建新样式，如图 6-9 所示。

（4）在"用于"下拉框中指出使用新样式的标注类型，默认设置为"所有标注"。也可以选择特定的标注类型（如线性标注、角度标注、半径标注等），此时将创建基础样式的子样式。

（5）在"创建新标注样式"对话框中，单击"继续"按钮，打开如图 6-10 所示的"新建标注样式：机械标注"对话框。

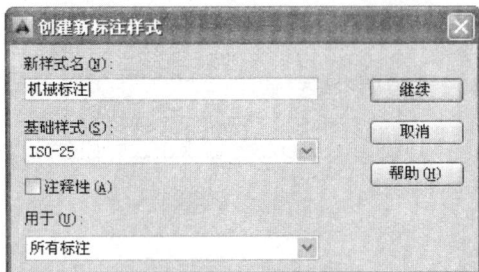

图 6-9　"创建新标注样式"对话框

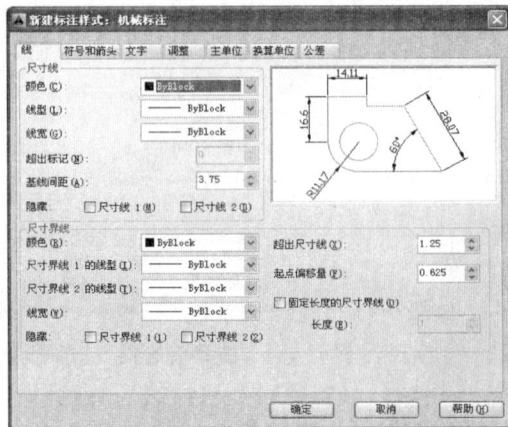

图 6-10　"新建标注样式：机械标注"对话框

（6）对"新建标注样式"对话框中的直线、符号和箭头、文字、主单位、公差等内容进行相应设置。

（二）绘制样板图

在绘图的开始需要对系统和绘图环境进行设置，如果将常用的绘图环境设置在一个文件里，并保存为样板文件，当下一次绘制新图形的时候，直接采用"样板"方式创建新文件，就无需设置绘图环境，直接进行绘图、编辑等操作。

样板图的内容应包括上述绘图环境的设置及图框、标题栏、常用图块等。设置的样板图可以重复使用，不但能够提高绘图效率，还可使一套图纸统一、规范。

下面介绍绘制样板图的基本步骤。

（1）启动 AutoCAD，使用系统的默认设置建立新图形。

（2）设置绘图界限，如画 A4 图幅。

单击"格式"菜单，选择"图形界限"选项，按照系统的命令行提示进行操作：

重新设置模型空间界限：

指定左下角点或［开（ON）/关（OFF）］〈0.0000，0.0000〉：（按 Enter 键）

指定右上角点〈420.0000，297.0000〉：297，210（按 Enter 键）

（3）设置绘图单位。单击"格式"菜单，选择"单位"选项，系统会弹出"图形单位"对话框，在该对话框中的"长度"选项组中，设置"精度"为"0.0000"，精确度为小数点后 4 位。在"插入时的缩放单位"选项组中选择"毫米"默认选项，如图 6-11 所示，单击"确定"按钮完成设置。

（4）设置图层。机械图形中常用的图层有粗实线、细实线、中心线、文字、虚线、剖面线、尺寸标注和"0"层。此处要特别注意"0"层是不能改变的。建立图层后，更改名称、颜色、线型和线宽，如图 6-12 所示。

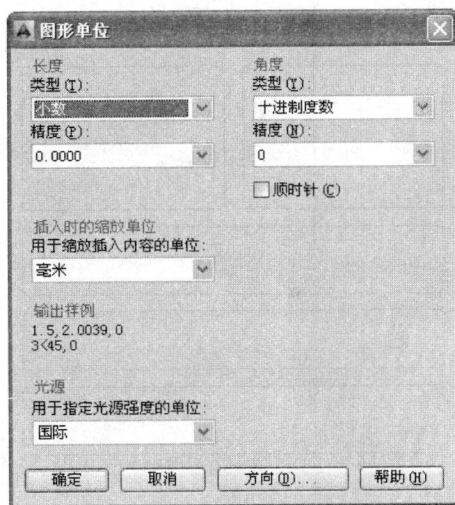

图 6-11　"图形单位"对话框

（5）设置尺寸标注类型。建立符合"机械制图"国家标准要求的尺寸标注样式。

（6）设置文字样式。单击"格式"菜单，选择"文字样式"命令，设置文字样式。

（7）绘制图框、标题栏，并制作常用的图块。

（8）选择"文件"菜单中"另存为"选项，系统会弹出"图形另存为"对话框，输入文件名为"A4"，在"保存类型"栏中选择"AutoCAD 图形样板（＊.dwt）"，单击"保存"按钮，完成样板图保存。在之后的绘图中可直接调用样板图，避免重复设置，如图 6-13 所示。

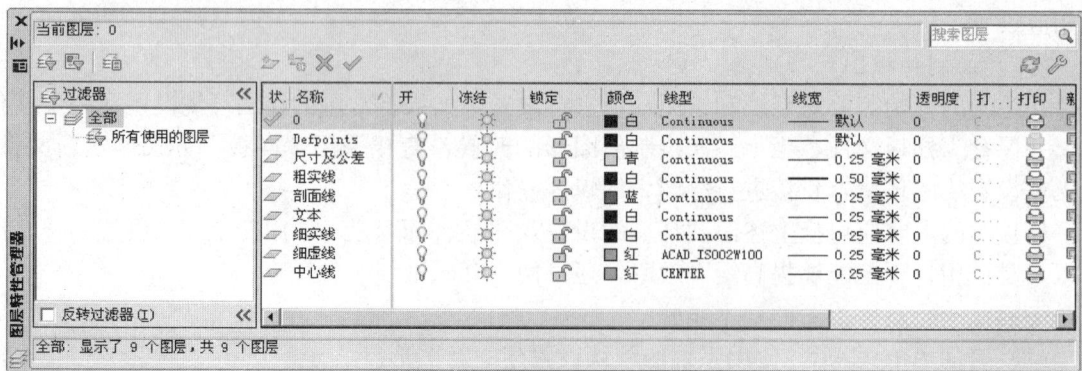

图 6 - 12　图层的建立

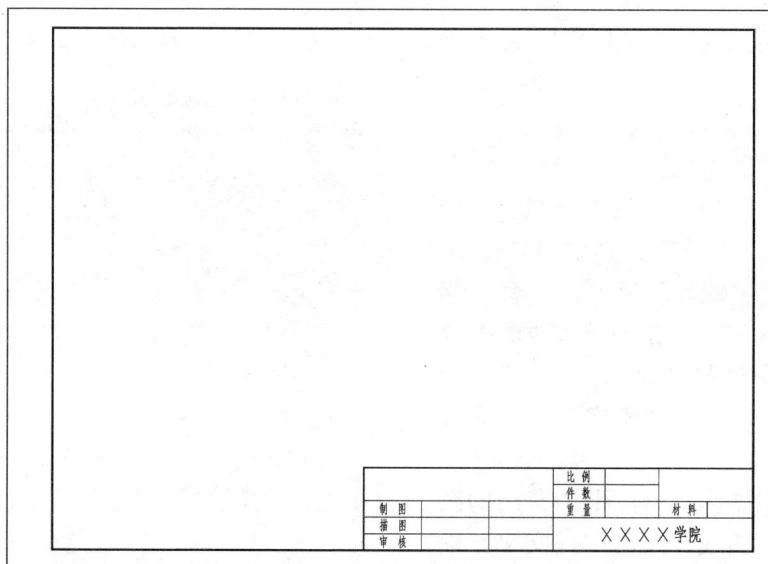

图 6 - 13　A4 样板图

二、根据零件草图绘制零件图

下面以千斤顶为例，根据零件草图，分别画出零件图。绘制零件图时，一定按零件图的视图要求为准，先画图形，再标注尺寸、技术要求，最后填写标题栏。

零件图分别绘制在前面所建的样板图上，绘图比例采用 1∶1，一定要按照图形分层的原则，把不同的线型用不同的颜色画在不同的图层上。例如，规定粗实线用白色画在粗实线层上，细实线用绿色画在细实线层上，中心线用红色画在点画线层上。每张零件图画好后，均以零件名称保存。

图 6 - 14 所示为千斤顶零件图。

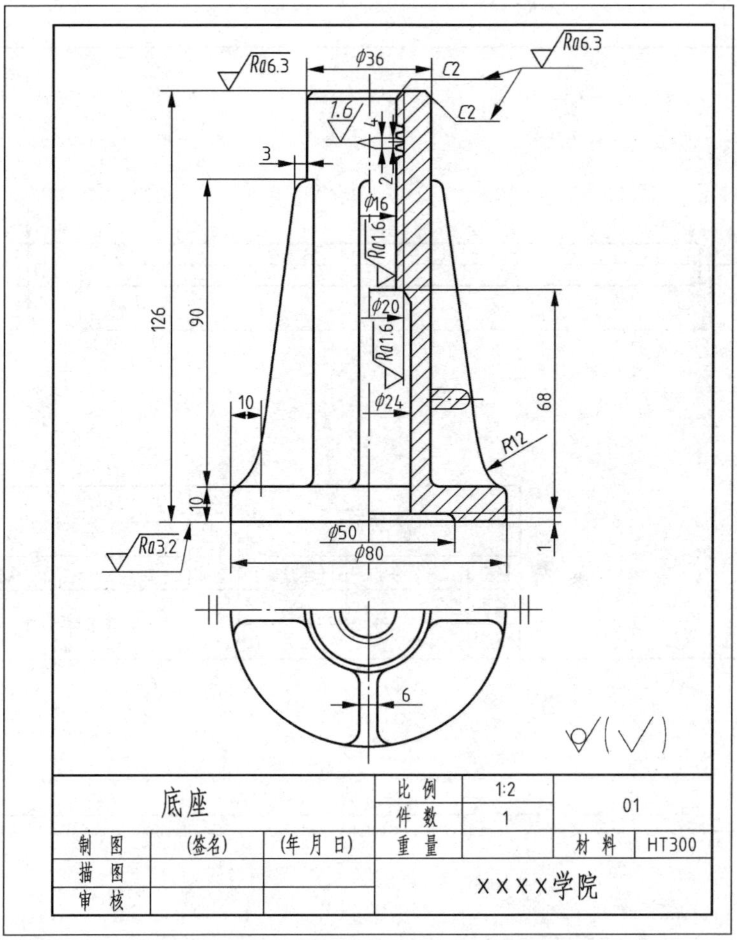

(a)

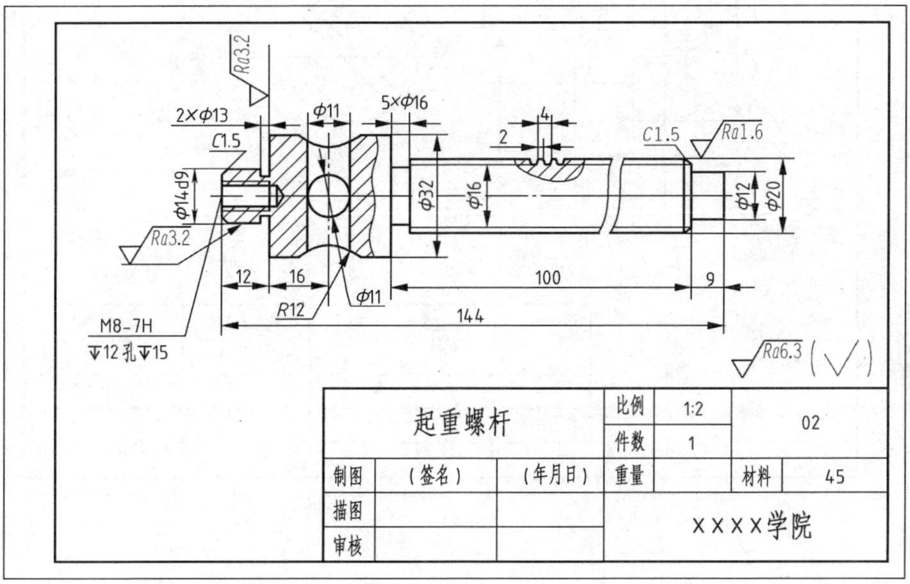

(b)

图 6-14　千斤顶零件图（一）

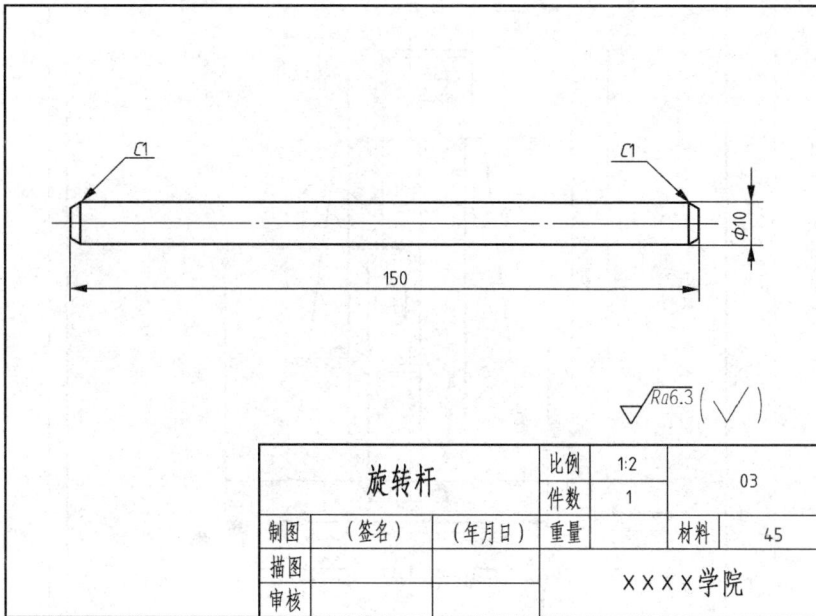

(c)

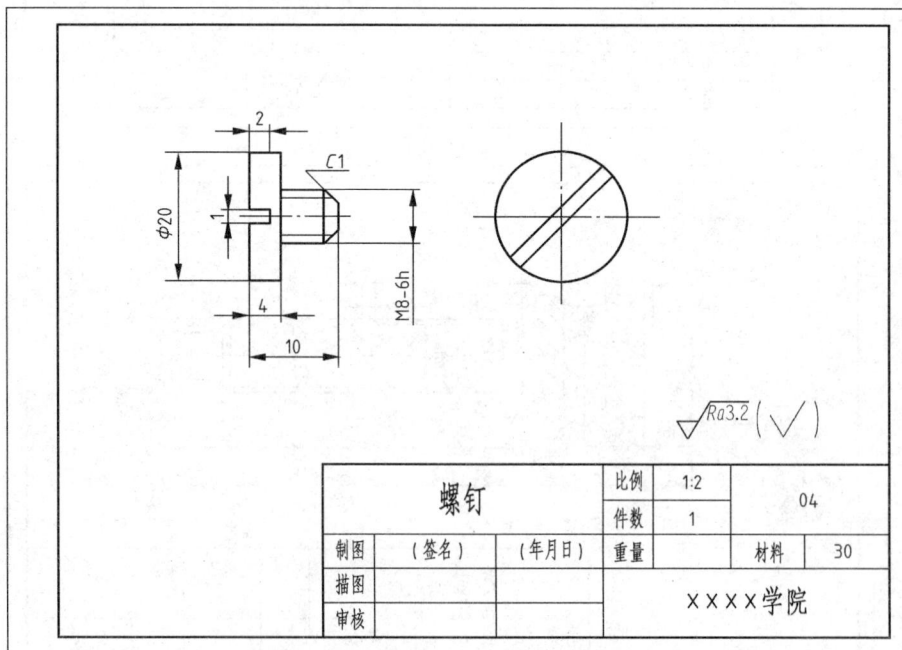

(d)

图 6-14　千斤顶零件图（二）

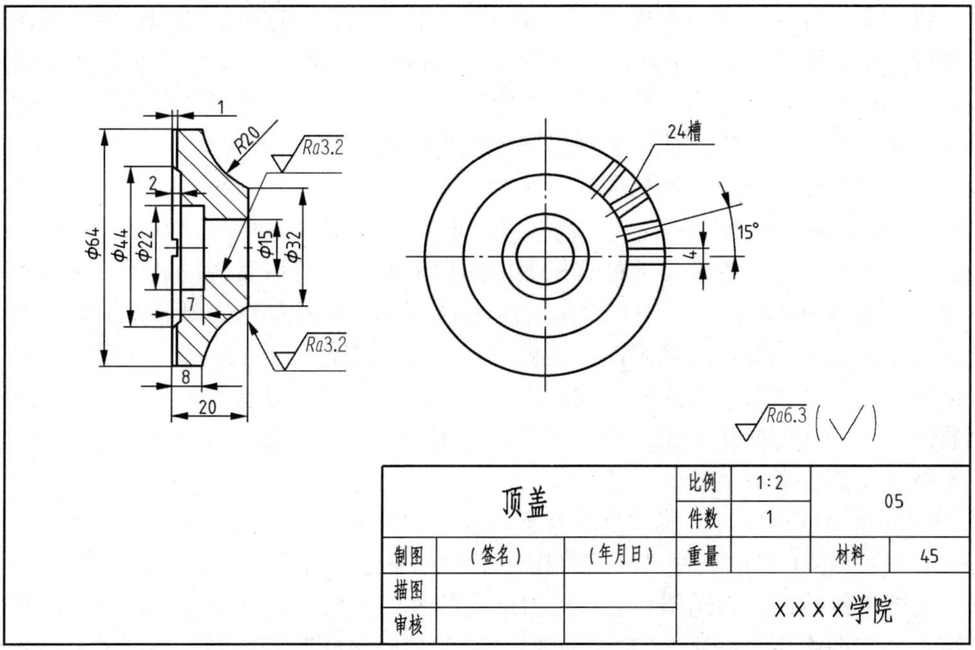

(e)

图 6-14 千斤顶零件图（三）

第二节 装配图的绘制

一、装配图的画图方法

怎样绘制装配图，是绘图中的一个难点，若解决得不好，会增加绘图难度，延长绘图时间，以致事倍功半。其实，AutoCAD 为我们提供了绘制装配图的多种方法及手段，现将常用的绘制装配图方法及适用场合介绍如下，仅供参考。

1. 直接绘制装配图

直接绘制装配图是根据装配关系，按主要装配干线（或传动路线），一般由内到外，先主后次地将各零件的图形直接画出。此方法是参照手工绘图，比较容易理解和接受，常用于新产品的设计。但用这种方法绘制装配图时容易出错，特别是图幅较大时，由于显示器屏幕上的绘图区域较小，图形很难看清，个别视图上会漏画一些零件或结构。

2. 用插入图块的方法绘制装配图

将组成机械或部件的各零件图先画出，并将其定义成图块，再应用块"插入"命令绘制装配图。由于该方法需要先画出零件图，和我们一般设计时先画装配图、再由装配图拆画零件图的设计步骤相反，所以在产品的设计中很少使用。但该方法在建立图形库方面有其独到之处，我们可以把一些常用件、标准件和常用结构、标准结构事先画出，并定义成外部块，建立一个图形库。画装配图时，只需从图形库中调出图块并插入到装配图中即可。所以这种方法适用于将标准件（包括常用件及常用结构）插入装配图和零件测绘中装配图的画法。

3. 用外部参照的方式绘制装配图

外部参照是组合图形的一种方法，可以将基础零件（一般为箱体类零件）作为主要的图形文件，将其余零件的图形嵌入进去，组成所需的装配图。用这种方法构成的装配图，一旦修改，零件图也会随之改变；同样，如果对零件图做一定修改，装配图也会进行相应的修改。该方法适合多文件的操作，特别是多人协同设计时，通过在图形中参照其他用户的图形设计进程，协调彼此的工作，从而实现与其他用户同步。

4. 用 AutoCAD 设计中心绘制装配图

AutoCAD 设计中心是一种直观、高效的工作控制中心，相当于 Windows 的资源管理器。通过设计中心既可以管理本地计算机上的图形资源，又可以管理局域网或 Internet 上的图形资源。利用 AutoCAD 设计中心绘制装配图时，可以根据需要从图形库中插入所需的图块，并按指定的比例和旋转角度画出；还可以将画好的零件图作为外部参照调入装配图中，实际操作的方法与外部参照方式绘制装配图相同；此外，还可以将零件图用拖曳的方式直接插入到装配图中，从而简化绘图过程。该方法一般用于大型项目，多工种、多人参与设计，也可用于技术交流、资源共享。

5. 用 AutoCAD 提供的多文件操作及剪贴板绘制装配图

AutoCAD 提供了多重文件之间的剪切、复制和粘贴功能，使用方便、操作简单，类似于 Word 文档中剪贴板。利用该功能，可将所需的零件图剪切、复制或带基点复制移到剪贴板内，再在装配图中用"粘贴""粘贴为块""粘贴到原坐标"等功能，将该零件插入装配图中；还可在两张打开的图样间直接拖曳，将一个图样上的图形插入到另一个图样上。

二、装配图画法举例

下面以如图 6-15 所示的千斤顶为例，简要说明装配图的画图过程。

1. 插入零件图

打开一张新样板图，插入已绘制完成的千斤顶零件图。

2. 编辑零件图

（1）分解零件图。用"分解"命令对零件图图块进行分解，以便编辑、修改。

（2）删除修剪对象。因装配图与零件图的内容和表达方式有所不同，必须删除零件图中的图框线、标题栏和一些技术要求文本，关闭零件图中的尺寸标注图层，满足装配图的要求，同时删除装配图中不需要的零件视图，如图 6-16 所示。

（3）用"移动"命令调整零件图视图位置。

（4）用"镜像""旋转"命令调整视图方向。零件图中的视图方向可能与装配图中的视图方向不一致，例如千斤顶中的"起重螺杆""顶盖"，可用"旋转"命令调整其方向，到达装配图要求的位置；也可在插入零件图视图时，用"插入"对话框中的"角度"选项完成。

（5）统一比例。用"缩放"命令将不同比例绘制的零件图统一成装配图的比例。统一比例可在插入零件图块时，通过"插入"对话框中的"比例"选项完成。

3. 拼画装配图

（1）首先选择底座，从上往下插入起重螺杆，如图 6-17所示。

（2）再插入盘盖、螺钉和旋转杆，如图 6-18 所示。

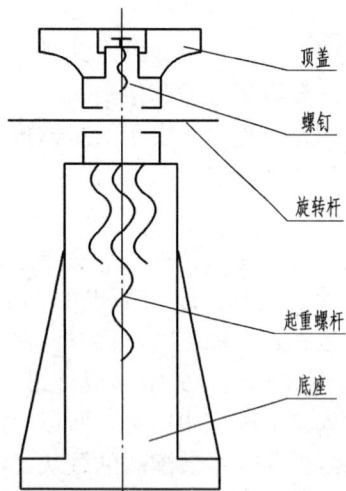

图 6-15　千斤顶装配示意图

（图中标注：顶盖、螺钉、旋转杆、起重螺杆、底座）

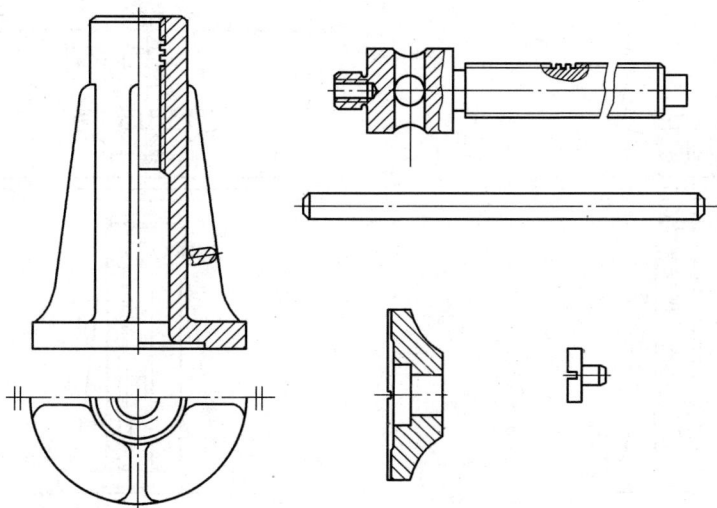

图 6-16　删除零件图中无用的对象

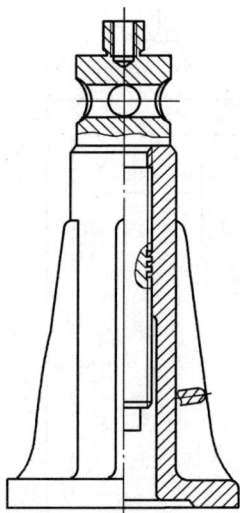

图 6-17　装配图画图过程Ⅰ　　　　　　图 6-18　装配图画图过程Ⅱ

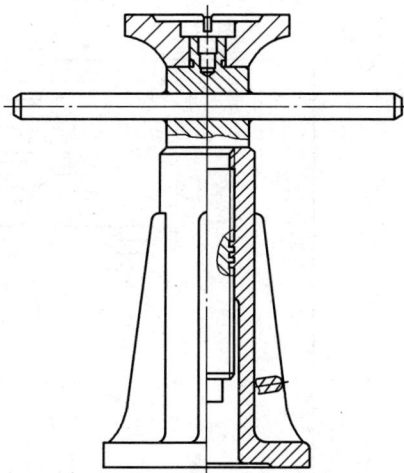

（3）为表达底座外部形状，利用拆卸画法，即拆去螺钉、顶盖和旋转杆，画出装配图的俯视图，并采用对称省略画法，如图 6-19 所示。

4. 标注装配图尺寸

新建一个图层用来标注装配图中的尺寸，装配图中只标注性能规格尺寸、配合尺寸、安装尺寸、总尺寸和重要的位置尺寸，如图 6-20 所示。

5. 完成装配图的其他内容

装配图的其他内容包括标注序号、填写明细表、书写技术要求文本和填写标题栏，如图 6-21 所示。

利用上述方法，用 AutoCAD 可以方便、快捷地绘制出装配图。由于篇幅的关系，本书只介绍绘制装配图的方法及画图步骤，对每个所使用的操作命令，可查阅 AutoCAD 的教程或相关培训资料。

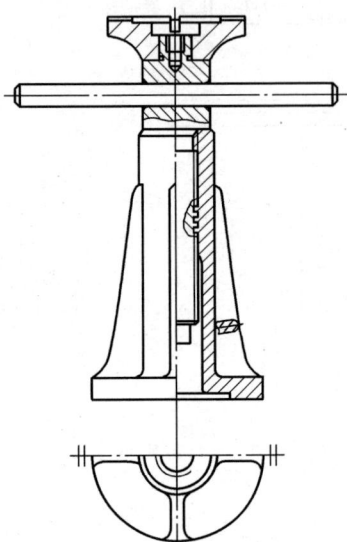

图 6 - 19　装配图的画图过程Ⅲ

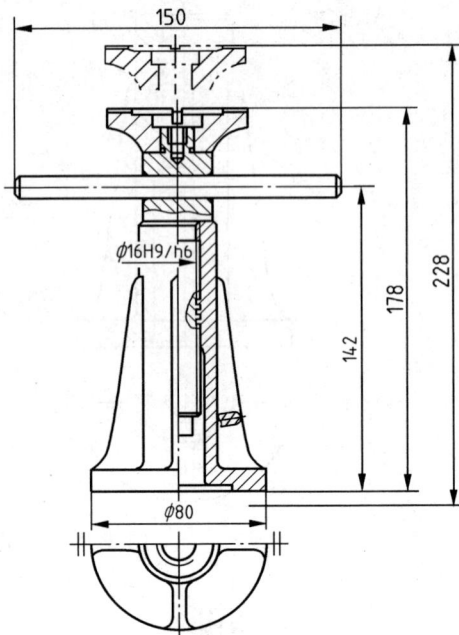

图 6 - 20　装配图的尺寸标注

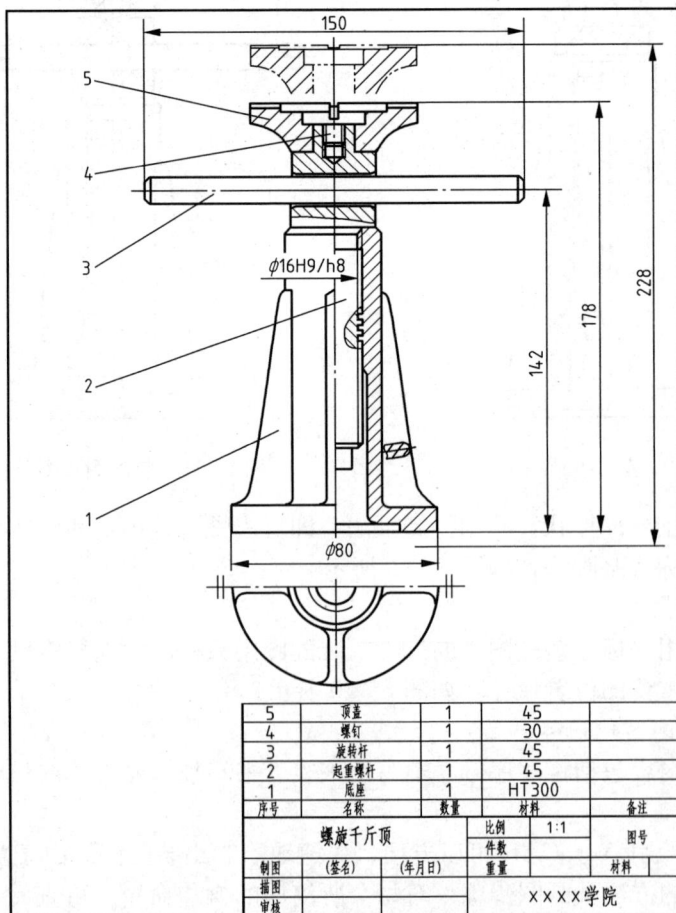

5	顶垫	1	45	
4	螺钉	1	30	
3	旋转杆	1	45	
2	起重螺杆	1	45	
1	底座	1	HT300	
序号	名称	数量	材料	备注

螺旋千斤顶		比例	1:1	图号	
		件数			
制图	(签名)	(年月日)	重量	材料	
描图				××××学院	
审核					

图 6 - 21　千斤顶装配图

附　　录

附表 1　机械制图机构运动简图符号（摘自 GB/T 4460—2013）

1. 机构构件的运动

名　称	基本符号	可用符号	附　注
运动轨迹			直线运动 回转运动
运动指向			表示点沿轨迹运动的指向
中间位置的瞬时停顿			直线运动 回转运动
中间位置的停留			
极限位置的停留			
局部反向运动			直线运动 回转运动
停止			
直线或曲线的单向运动			直线运动 回转运动
具有瞬时停顿的单向运动			直线运动 回转运动
具有停留的单向运动			直线运动 回转运动
具有局部反向的单向运动			直线运动 回转运动
具有局部反向及停留的单向运动			直线运动 回转运动
直线或回转的往复运动			直线运动 回转运动
在一个极限位置停留的往复运动			直线运动 回转运动
在两个极限位置停留的往复运动			直线运动 回转运动

名　　称	基本符号	可用符号	附　　注
在中间位置停留的往复运动			直线运动 回转运动
运动终止			直线运动 回转运动

2. 构件及其组成部分的连接

名　　称	基本符号	可用符号	附　　注
机架			
轴、杆			
构件组成部分的永久连接			
组成部分与轴（杆）的固定连接			
构件组成部分的可调连接			

3. 摩擦机构与齿轮机构

名　　称	基本符号	可用符号	附　　注
摩擦机构 摩擦轮 a. 圆柱轮			
b. 圆锥轮			
c. 曲线轮			

名　称	基本符号	可用符号	附　注
摩擦传动 a. 圆柱轮			
b. 圆锥轮			
齿轮机构齿轮 （不指明齿线） a. 圆柱齿轮			
b. 圆锥齿轮			
c. 挠性齿轮			
齿线符号 a. 圆柱齿轮 （ⅰ）直齿			
（ⅱ）斜齿			
（ⅲ）人字齿			
b. 圆锥齿轮 （ⅰ）直齿			
（ⅱ）斜齿			
（ⅲ）弧齿			

名　称	基本符号	可用符号	附　注
齿轮传动 （不指明齿线） a. 圆柱齿轮			
b. 非圆齿轮			
c. 圆锥齿轮			
d. 准双曲面齿轮			
e. 蜗轮与圆柱蜗杆			
f. 蜗轮与球面蜗杆			
g. 交错轴斜齿轮			

续表

名　称	基本符号	可用符号	附　注
齿条传动 a. 一般表示 b. 蜗线齿条与蜗杆 c. 齿条与蜗杆	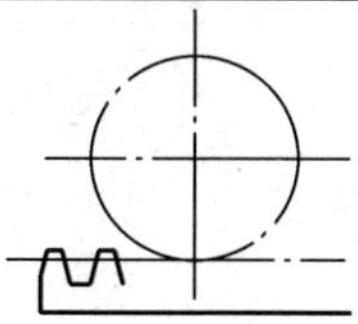	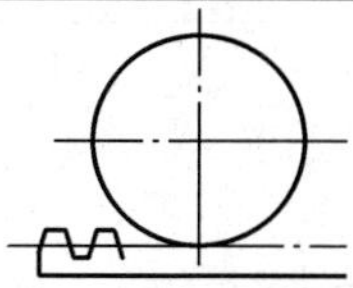 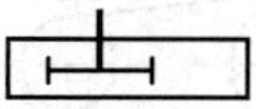 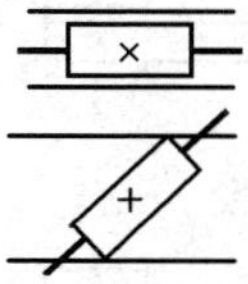	
扇形齿轮传动	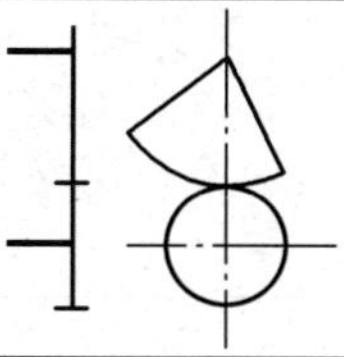	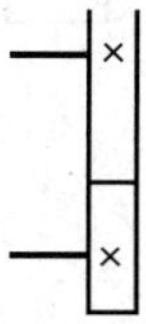	

4. 联轴器、离合器及制动器

名　称	基本符号	可用符号	附　注
联轴器——一般符号（不指明类型）	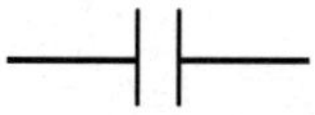		
固定联轴器	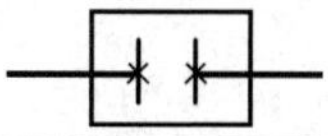		
电磁离合器			
自动离合器——一般符号	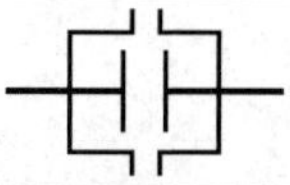		
离心摩擦离合器	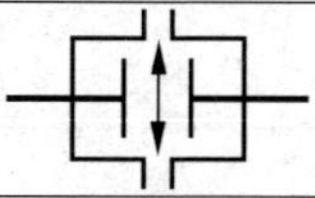		
超越离合器	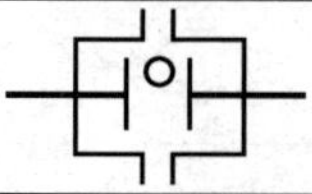		
安全离合器 a. 带有易损元件 b. 无易损元件	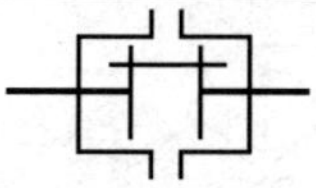 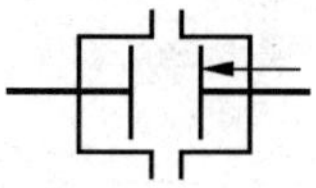		
制动器——一般符号	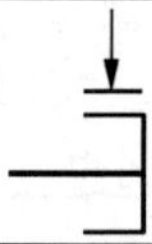		不规定制动器外观

5. 其他机构及其组件

名　称	基本符号	可用符号	附　注
皮带传动——一般符号（不指明类型）	或		若需指明皮带类型可采用下列符号： 三角带 圆带 同步齿形带 平带 例：三角带传动
轴上的宝塔轮			
链传动——一般符号（不指明类型）			若需指明链条类型，可采用下列符号： 环形链 滚子链 无声链 例：无声链传动
螺杆传动整体螺母			
开合螺母			
挠性轴			可以只画一部分

名　称	基本符号	可用符号	附　注
轴上飞轮			
轴承 向心轴承 a. 滑动轴承			
b. 滚动轴承			
推力轴承 a. 单向			
b. 双向			
c. 滚动			若有需要，可指明轴承型号
向心推力轴承 a. 单向			
b. 双向			
c. 滚动轴承			
弹簧 a. 压缩弹簧	或□		弹簧的符号详见 GB/T 4459.4—2003
b. 拉伸弹簧			

名　称	基本符号	可用符号	附　注
c. 扭转弹簧			
d. 碟形弹簧			
e. 截锥涡卷弹簧			弹簧的符号详见 GB/T 4459.4—2003
f. 涡卷弹簧			
g. 板状弹簧			
原动机			
a. 通用符号（不指明类型）			
b. 电动机——一般符号			
c. 装在支架上的电动机			

附表 2　普通螺纹直径、螺距（摘自 GB/T 193—2003，GB/T 196—2003）

标记示例：

M10－6g（粗牙普通外螺纹，公称直径 $d=10$，右旋，中径及顶径公差带代号均为 6g，中等旋合长度）

M10×1LH－6H（细牙普通内螺纹，公称直径 $D=10$，螺距 $P=1$，左旋，中径及顶径公差带代号均为 6H，中等旋合长度）

mm

公称直径 D, d		螺　　距 P		粗牙中径 D_2, d_2	粗牙小径 D_1, d_1
第一系列	第二系列	粗　牙	细　牙		
3		0.5	0.35	2.675	2.459
	3.5	(0.6)		3.110	2.850
4		0.7	0.50	3.545	3.242
	4.5	(0.75)		4.013	3.688
5		0.8		4.480	4.134
6		1	0.75	5.350	4.917
8		1.25	1, 0.75	7.188	6.647
10		1.5	1.25, 1, 0.75	9.026	8.376
12		1.75	1.5, 1.25, 1	10.863	10.106
	14	2	1.5, (1.25) *, 1	12.701	11.835
16		2	1.5, 1	14.701	13.835
	18	2.5		16.376	15.294
20		2.5		18.376	17.294
	22	2.5	2, 1.5, 1	20.376	19.294
24		3		22.051	20.752
	27	3		25.051	23.752
30		3.5	(3), 2, 1.5, 1	27.727	26.211
	33	3.5	(3), 2, 1.5	30.727	29.211
36		4	3, 2, 1.5	33.402	31.670
	39	4		36.402	34.670
42		4.5		39.007	37.129
	45	4.5		42.007	40.129
48		5		44.752	42.587
	52	5	4, 3, 2, 1.5	48.752	46.587
56		5.5		52.428	50.046
	60	5.5		56.428	54.046
64		6		60.103	57.505
	68	6		64.103	61.505

注　1. 优先选用第一系列，第三系列未列入。

　　2. 括号内尺寸尽可能不用。

　　3. * M14×1.25 仅用于火花塞。

附表3　管　螺　纹

<table>
<tr><td>用螺纹密封的管螺纹
（摘自 GB/T 7306—2000）</td><td>非螺纹密封的管螺纹
（摘自 GB/T 7307—2001）</td></tr>
</table>

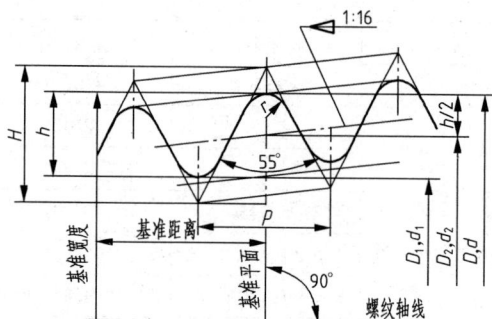

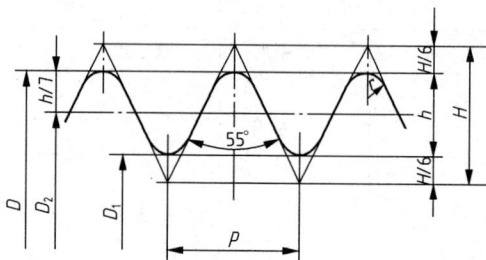

标记示例：

$R_1 1\frac{1}{2}$（尺寸代号 $1\frac{1}{2}$，右旋圆锥外螺纹）

$Rc1\frac{1}{4}$－LH（尺寸代号 $1\frac{1}{4}$，左旋圆锥内螺纹）

$Rp2$（尺寸代号 2，右旋圆柱内螺纹）

标记示例：

$G1\frac{1}{2}$－LH（尺寸代号 $1\frac{1}{2}$，左旋圆柱内螺纹）

$G1\frac{1}{4}A$（尺寸代号 $1\frac{1}{4}$，A级右旋圆柱外螺纹）

$G2B$－LH（尺寸代号 2，B级左旋圆柱外螺纹）

尺寸代号	基准平面内的基本直径（GB/T 7306） 基本直径（GB/T 7307）			螺距 P(mm)	牙高 h(mm)	圆弧半径 r(mm)	每25.4mm内的牙数 n	外螺纹的有效螺纹长度（mm） （GB 7306）	基准距离 （mm） （GB/T 7306）
	大径 $d=D$ (mm)	中径 $d_2=D_2$ (mm)	小径 $d_1=D_1$ (mm)						
1/16	7.723	7.142	6.561	0.907	0.581	0.125	28	6.5	4.0
1/8	9.728	9.147	8.566						
1/4	13.157	12.301	11.445	1.337	0.856	0.184	19	9.7	6.0
3/8	16.662	15.806	14.950					10.1	6.4
1/2	20.955	19.793	18.631	1.814	1.162	0.249	14	13.2	8.2
3/4	26.441	25.279	24.117					14.5	9.5
1	33.249	31.770	30.291	2.309	1.479	0.317	11	16.8	10.4
1¼	41.910	40.431	28.952					19.1	12.7
1½	47.803	46.324	44.845						
2	59.614	58.135	56.656					23.4	15.9
2½	75.184	73.705	72.226					26.7	17.5
3	87.884	86.405	84.926					29.8	20.6
4	113.030	111.551	110.072					35.8	25.4
5	138.430	136.951	135.472					40.1	28.6
6	163.830	162.351	160.872						

附表4　六角头螺栓

六角头螺栓——C级（摘自 GB/T 5780—2016）
六角头螺栓——A 和 B 级（摘自 GB/T 5782—2016）

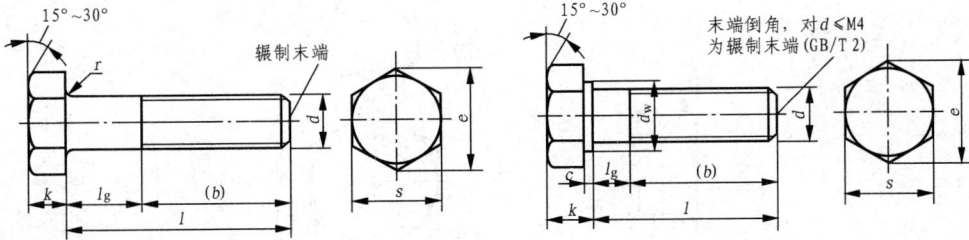

标记示例：

螺纹规格 $d=12$，公称长度 $l=80$，性能等级为 8.8 级，表面氧化，A 级的六角头螺栓记为

螺栓　GB/T 5782 M12×80

mm

螺纹规格 d			M3	M4	M5	M6	M8	M10	M12	M16	M20	M24	M30	M36	M42
b 参考	$l \leqslant 125$		12	14	16	18	22	26	30	38	46	54	66		
	$125 < l \leqslant 200$		18	20	22	24	28	32	36	44	52	60	72	84	96
	$l > 200$		31	33	35	37	41	45	49	57	65	73	85	97	109
c			0.4	0.4	0.5	0.5	0.6	0.6	0.6	0.8	0.8	0.8	0.8	0.8	1
d_w	产品等级	A	4.75	5.88	6.88	8.88	11.63	14.63	16.63	22.49	28.19	33.61			
		B、C	4.45	5.74	6.74	8.74	11.47	14.47	16.47	22	27.7	33.25	42.75	51.11	59.95
e	产品等级	A	6.01	7.66	8.79	11.05	14.38	17.77	20.03	26.75	33.53	39.98			
		B、C	5.88	7.50	8.63	10.89	14.20	17.59	19.85	26.17	32.95	39.55	50.85	60.79	72.02
k 公称			2	2.8	3.5	4	5.3	6.4	7.5	10	12.5	15	18.7	22.5	26
r			0.1	0.2	0.2	0.25	0.4	0.4	0.6	0.6	0.8	0.8	1	1	1.2
s 公称			5.5	7	8	10	13	16	18	24	30	36	46	55	65
l（产品规格范围）			20～30	25～40	25～50	30～60	40～80	45～100	50～120	65～160	80～200	90～240	110～300	140～360	160～440
l 系列			12，16，20，25，30，35，40，45，50，55，60，65，70，80，90，100，110，120，130，140，150，160，180，200，220，240，260，280，300，320，340，360，380，400，420，440，460，480，500												

注　1. A 级用于 $d \leqslant 24$ 和 $l \leqslant 10d$ 或 $\leqslant 15$mm 的螺栓；B 级用于 $d > 24$ 和 $l > 10d$ 或 > 150 的螺栓。

　　2. 螺纹规格 d 范围：GB/T 5780—2016 为 M5～M64；GB/T 5782—2016 为 M1.6～M64。

　　3. 公称长度范围：GB/T 5780—2016 为 25～500；GB/T 5782—2016 为 12～500。

附表5　六　角　螺　母

1型六角螺母——C级
（GB/T 41—2016）

1型六角螺母——A和B级
（GB/T 6170—2015）

六角薄螺母——A和B级
（GB/T 6172.1—2016）

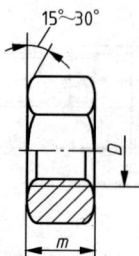

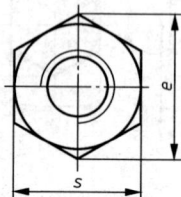

标记示例：

螺纹规格 D=M12、C级六角螺母　　　　　记为　螺母 GB/T 41 M12

螺纹规格 D=M12、A级1型六角螺母　　　记为　螺母 GB/T 6170 M12

螺纹规格 D=M12、A级六角薄螺母　　　　记为　螺母 GB/T 6172.1 M12

mm

螺纹规格 D		M3	M4	M5	M6	M8	M10	M12	M16	M20	M24	M30	M36	M42
e_{min}	GB/T 41			8.63	10.89	14.20	17.59	19.85	26.17	32.95	39.55	50.85	60.79	72.02
	GB/T 6170	6.01	7.66	8.79	11.05	14.38	17.77	20.03	26.75	32.95	39.55	50.85	60.79	72.02
	GB/T 6172	6.01	7.66	8.79	11.05	14.38	17.77	20.03	26.75	32.95	39.55	50.85	60.79	72.02
s_{max}	GB/T 41			8	10	13	16	18	24	30	36	46	55	65
	GB/T 6170	5.5	7	8	10	13	16	18	24	30	36	46	55	65
	GB/T 6172	5.5	7	8	10	13	16	18	24	30	36	46	55	65
m_{max}	GB/T 41			5.6	6.4	7.9	9.5	12.2	15.9	18.7	22.3	26.4	31.9	34.9
	GB/T 6170	2.4	3.2	4.7	5.2	6.8	8.4	10.8	14.8	18	21.5	25.6	31	34
	GB/T 6172	1.8	2.2	2.7	3.2	4	5	6	8	10	12	15	18	21

注　A级用于 $D{\leqslant}16$；B级用于 $D{>}16$。

附表6　垫　　　　圈

小垫圈——A 级（GB/T 848—2002）

平垫圈——A 级（GB/T 97.1—2002）

平垫圈　倒角型——A 级（GB/T 97.2—2002）

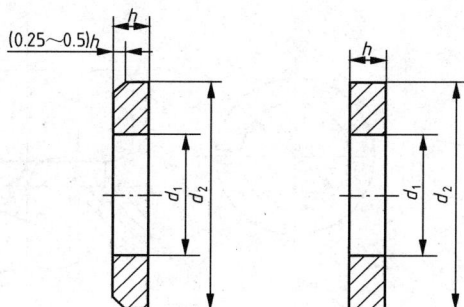

标记示例：

标准系列，公称直径 $d=8$mm，性能等级为 140HV 级，不经表面处理的平垫圈，记为　垫圈　GB/T 97.1　8

mm

公称尺寸 （螺纹规格 d）		1.6	2	2.5	3	4	5	6	8	10	12	14*	16	18*	20	22*	24	27*	30	33*	36
d_1	GB/T 848	1.7	2.2	2.7	3.2	4.3	5.3	6.4	8.4	10.5	13	15	17	19	21	23	25	28	31	34	37
	GB/T 97.1	1.7	2.2	2.7	3.2	4.3	5.3	6.4	8.4	10.5	13	15	17	19	21	23	25	28	31	34	37
	GB/T 97.2						5.3	6.4	8.4	10.5	13	15	17	19	21	23	25	28	31	34	37
d_2	GB/T 848	3.5	4.5	5	6	8	9	11	15	18	20	24	28	30	34	37	39	44	50	56	60
	GB/T 97.1	4	5	6	7	9	10	12	16	20	24	28	30	34	37	39	44	50	56	60	66
	GB/T 97.2						10	12	16	20	24	28	30	34	37	39	44	50	56	60	66
h	GB/T 848	0.3	0.3	0.5	0.5	0.5	1	1.6	1.6	1.6	2	2.5	2.5	3	3	3	4	4	4	5	5
	GB/T 97.1	0.3	0.3	0.5	0.5	0.8	1	1.6	1.6	2	2.5	2.5	3	3	3	4	4	4	5	5	
	GB/T 97.2						1	1.6	1.6	2	2.5	2.5	3	3	3	4	4	4	5	5	

注　标 * 为非优选尺寸。

附表7 弹 簧 垫 圈

标准型弹簧垫圈（摘自 GB 93—1987）
轻型弹簧垫圈（摘自 GB 859—1987）

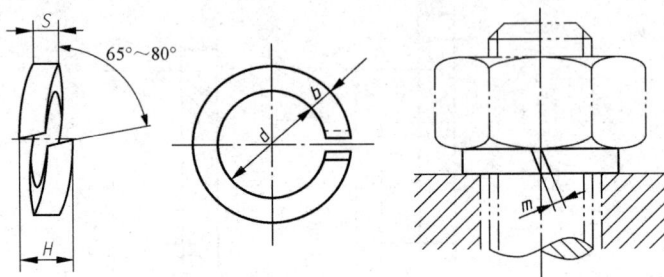

标记示例：

规格 16mm，材料为 65Mn，表面氧化的标准型弹簧垫圈，记为　垫圈　GB 93—1987　16

规格（螺纹大径）		3	4	5	6	8	10	12	(14)	16	(18)	20	(22)	24	(27)	30
d		3.1	4.1	5.1	6.1	8.1	10.2	12.2	14.2	16.2	18.2	20.2	22.5	24.5	27.5	30.5
H	GB/T 93	1.6	2.2	2.6	3.2	4.2	5.2	6.2	7.2	8.2	9	10	11	12	13.6	15
	GB/T 859	1.2	1.6	2.2	2.6	3.2	4	5	6	6.4	7.2	8	9	10	11	12
$S(b)$	GB/T 93	0.8	1.1	1.3	1.6	2.1	2.6	3.1	3.6	4.1	4.5	5	5.5	6	6.8	7.5
S	GB/T 859	0.6	0.8	1.1	1.3	1.6	2	2.5	3	3.2	3.6	4	4.5	5	5.5	6
$m\leqslant$	GB/T 93	0.4	0.55	0.65	0.8	1.05	1.3	1.55	1.8	2.05	2.25	2.5	2.75	3	3.4	3.75
	GB/T 859	0.3	0.4	0.55	0.65	0.8	1	1.25	1.5	1.6	1.8	2	2.25	2.5	2.75	3
b	GB/T 859	1	1.2	1.5	2	2.5	3	3.5	4	4.5	5	5.5	6	7	8	9

注　1. 括号内的规格尽可能不用。

　　2. m 应大于零。

附表 8 双头螺柱（摘自 GB/T 897、900—1988 和 GB 898、899—1988）

双头螺柱——$b_m=1d$（摘自 GB/T 897—1988）
双头螺柱——$b_m=1.25d$（摘自 GB 898—1988）
双头螺柱——$b_m=1.5d$（摘自 GB 899—1988）
双头螺柱——$b_m=2d$（摘自 GB/T 900—1988）

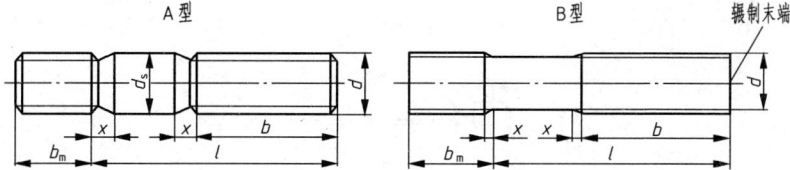

标记示例：

两端均为粗牙普通螺纹，$d=10mm$，$l=50mm$，性能等级为 4.8 级，B 型，$b_m=1d$，记为螺柱 GB/T 897—1988 M10×50，旋入机体一端为粗牙普通螺纹，旋螺母一端为 $P=1mm$ 的细牙普通螺纹，$d=10mm$，$l=50mm$，性能等级为 4.8 级，A 型，$b_m=1d$ 记为：螺柱 GB/T 897—1988 AM10—M10×1×50 旋入机体一端为过渡配合的第一种配合，旋螺母一端为粗牙普通螺纹，$d=10mm$，$l=50mm$，性能等级为 8.8 级，镀锌钝化，B 型，$b_m=1d$，记为 螺柱 GB/T 897—1988 GM10—M10×50—8.8—Zn·D

mm

螺纹规格 d	b_m（旋入机体端长度）				d_s	x	l/b（螺柱长度/旋螺母端长度）
	GB/T 897	GB 898	GB 899	GB/T 900			
M4			6	8	4	$1.5P$	16～22/8 25～40/14
M5	5	6	8	10	5	$1.5P$	16～22/10 25～50/16
M6	6	8	10	12	6	$1.5P$	20～22/10 25～30/14 32～75/18
M8	8	10	12	16	8	$1.5P$	20～22/12 25～30/16 32～90/22
M10	10	12	15	20	10	$1.5P$	25～28/14 30～38/16 40～120/26 130/32
M12	12	15	18	24	12	$1.5P$	25～30/16 32～40/20 45～120/30 130～180/36
M16	16	20	24	32	16	$1.5P$	30～38/20 40～55/30 60～120/38 130～200/44
M20	20	25	30	40	20	$1.5P$	35～40/25 45～65/35 70～120/46 130～200/25
M24	24	30	36	48	24	$1.5P$	45～50/30 55～75/45 80～120/54 130～200/60
M30	30	38	45	60	30	$1.5P$	60～65/40 70～90/50 95～120/66 130～200/72 210～250/85
M36	36	45	54	72	36	$1.5P$	65～75/45 80～110/60 120/78 130～200/84 210～300/97
M42	42	52	65	84	42	$1.5P$	70～80/50 85～110/70 120/90 130～200/96 210～300/109
M48	48	60	72	96	48	$1.5P$	80～90/60 95～110/80 120/102 130～200/108 210～300/121
l 系列	12,（14），16,（18），20,（22），25,（28），30,（32），35,（38），40，45，50,（55），60,（65），70,（75），80,（85），90,（95），100，110～260（10 进位），280，300						

注 1. 括号内的规格尽可能不用。

2. P 为螺距。

3. $b_m=1d$，一般用于钢对钢；$b_m=1.25d$、$b_m=1.5d$，一般用于钢对铸铁；$b_m=2d$，一般用于钢对铝合金。

附表 9　开槽盘头螺钉（摘自 GB/T 67—2008）

标记示例：

螺纹规格 d＝M5，公称长度 l＝20，性能等级为 4.8 级，不经表面处理的 A 级开槽盘头螺钉，记为

螺钉　GB/T 67　M5×20

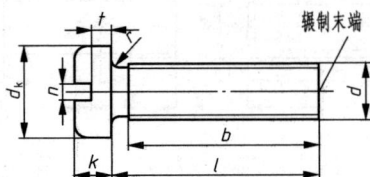

mm

螺纹规格 g	M1.6	M2	M2.5	M3	M4	M5	M6	M8	M10
P（螺距）	0.35	0.4	0.45	0.5	0.7	0.8	1	1.25	1.5
b	25	25	25	25	38	38	38	38	38
d_k	3.2	4	5	5.6	8	9.5	12	16	20
k	1	1.3	1.5	1.8	2.4	3	3.6	4.8	6
n	0.4	0.5	0.6	0.8	1.2	1.2	1.6	2	2.5
r	0.1	0.1	0.1	0.1	0.2	0.2	0.25	0.4	0.4
t	0.35	0.5	0.6	0.7	1	1.2	1.4	1.9	2.4
公称长度 l	2～6	2.5～20	3～25	4～30	5～40	6～50	8～60	10～80	12～80
l 系列	2, 2.5, 3, 4, 5, 6, 8, 10, 12, (14), 16, 20, 25, 30, 35, 40, 45, 50, (55), 60, (65), 70, (75), 80								

注　1. 括号内的规格尽可能不用。

　　2. M1.6～M3 的螺钉，公称长度 l≤30 的，制出全螺纹；M4～M10 的螺钉，公称长度 l≤40 的，制出全螺纹。

附表 10　开槽沉头螺钉（摘自 GB/T 68—2000）

标记示例：

螺纹规格 d＝M5，公称长度 l＝20，性能等级为 4.8 级，不经表面处理的 A 级开槽沉头螺钉，记为

螺钉　GB/T 68　M5×20

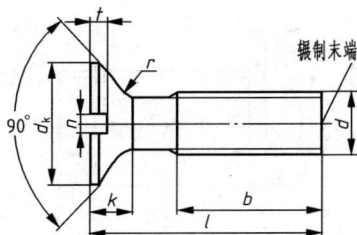

mm

螺纹规格 d	M1.6	M2	M2.5	M3	(M3.5)	M4	M5	M6	M8	M10
P(螺距)	0.35	0.4	0.45	0.5	0.6	0.7	0.8	1	1.25	1.5
b	25	25	25	25	38	38	38	38	38	38
d_k	3.6	4.4	5.5	6.3	8.2	9.4	10.4	12.6	17.3	20
k	1	1.2	1.5	1.65	2.35	2.7	2.7	3.3	4.65	5
n	0.4	0.5	0.6	0.8	1	1.2	1.2	1.6	2	2.5
r	0.4	0.5	0.6	0.8	0.9	1	1.3	1.5	2	2.5
t	0.5	0.6	0.75	0.85	1.2	1.3	1.4	1.6	2.3	2.6
公称长度 l	2.5~16	3~20	4~25	5~30	6~35	6~40	8~50	8~60	10~80	12~80
l 系列	2.5、3、4、5、6、8、10、12、(14)、16、20、25、30、35、40、45、50、(55)、60、(65)、70、(75)、80									

注　1. 括号内的规格尽可能不用。

　　2. M1.6~M3 的螺钉，公称长度 l≤30 的，制出全螺纹；M4~M10 的螺钉，公称长度 l≤45 的，制出全螺纹。

附表 11　开槽圆柱头螺钉（摘自 GB/T 65—2000）

标记示例：

螺纹规格 d＝M5，公称长度 l＝20，性能等级为 4.8 级，不经表面氧化的 A 级开槽圆柱头螺钉，记为

螺钉　GB/T 65　M5×20

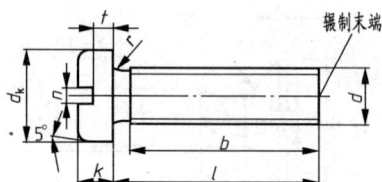

mm

螺纹规格 d	M1.6	M2	M2.5	M3	(M3.5)	M4	M5	M6	M8	M10
P(螺距)	0.35	0.4	0.45	0.5	0.6	0.7	0.8	1	1.25	1.5
b	25	25	25	25	38	38	38	38	38	38
d_k	3	3.8	4.5	5.5	6	7	8.5	10	13	16
k	1.1	1.4	1.8	2.0	2.4	2.6	3.3	3.9	5.0	6.0
n	0.4	0.5	0.6	0.8	1	1.2	1.2	1.6	2	2.5
r	0.1	0.1	0.1	0.1	0.1	0.2	0.2	0.25	0.4	0.4
t	0.35	0.5	0.6	0.7	1	1	1.2	1.4	1.9	2.4
公称长度 l	2～16	3～20	3～25	4～30	5～35	5～40	6～50	8～60	10～80	12～80
l 系列	2、3、4、5、6、8、10、12、(14)、16、20、25、30、35、40、45、50、(55)、60、(65)、70、(75)、80									

注　1. M1.6～M3 的螺钉，公称长度 l≤30 的，制出全螺纹；M4～M10 的螺钉，公称长度 l≤40 的，制出全螺纹。

　　2. 括号内的规格尽可能不用。

附表 12　平键及键槽各部尺寸（摘自 GB/T 1095、1096—2003）

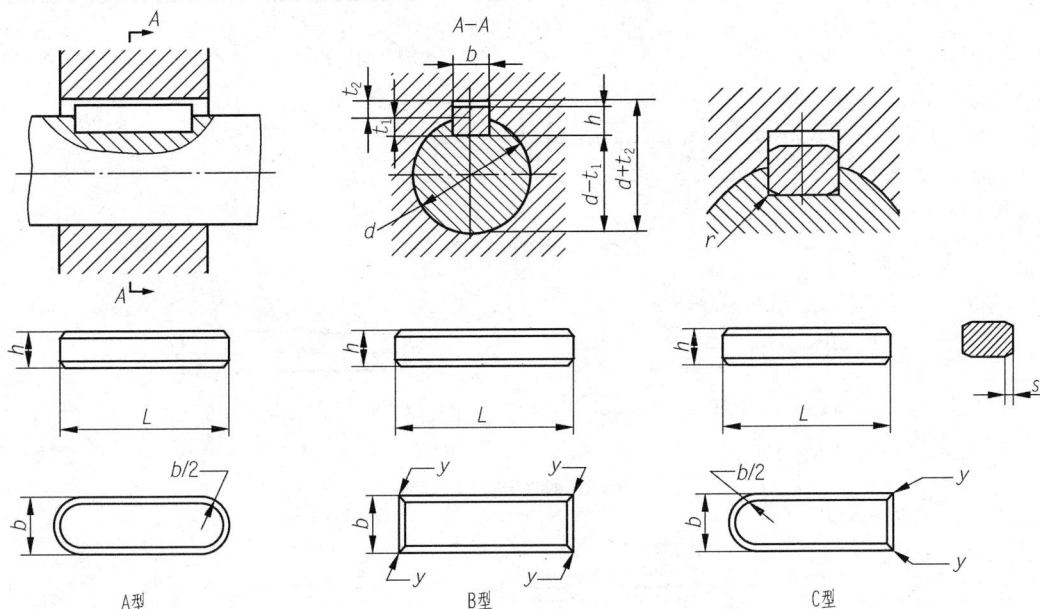

注：$y \leqslant s_{max}$

标记示例：

宽度 $b=16$mm、高度 $h=10$mm、长度 $L=100$mm 普通 A 型平键的标记为 GB/T 1096　键 $16 \times 10 \times 100$

宽度 $b=16$mm、高度 $h=10$mm、长度 $L=100$mm 普通 B 型平键的标记为 GB/T 1096　键 B$16 \times 10 \times 100$

宽度 $b=16$mm、高度 $h=10$mm、长度 $L=100$mm 普通 C 型平键的标记为 GB/T 1096　键 C$16 \times 10 \times 100$

mm

键			键　　槽									
			宽度 b					深度				
				极限偏差				轴 t_1		毂 t_2		半径 r
键尺寸 $b \times h$	长度 L	基本尺寸		正常连接	紧密连接	松连接		基本尺寸	极限偏差	基本尺寸	极限偏差	
			轴 N9	毂 JS9	轴和毂 P9	轴 H9	毂 D10					min	max
2×2	$6 \sim 20$	2	-0.004 -0.029	$\pm 0.012\,5$	-0.006 -0.031	$+0.025$ 0	$+0.060$ $+0.020$	1.2	$+0.1$ 0	1.0	$+0.1$ 0	0.08	0.16
3×3	$6 \sim 36$	3						1.8		1.4			
4×4	$8 \sim 45$	4	0 -0.030	± 0.015	-0.012 -0.042	$+0.030$ 0	$+0.078$ $+0.030$	2.5		1.8		0.16	0.25
5×5	$10 \sim 56$	5						3.0		2.3			
6×6	$14 \sim 70$	6						3.5		2.8			
8×7	$18 \sim 90$	8	0 -0.036	± 0.018	-0.015 -0.051	$+0.036$ 0	$+0.098$ $+0.040$	4.0		3.3		0.25	0.40
10×8	$22 \sim 110$	10						5.0		3.3			
12×8	$28 \sim 140$	12	0 -0.043	$\pm 0.021\,5$	-0.018 -0.061	$+0.043$ 0	$+0.120$ $+0.050$	5.0		3.3			
14×9	$36 \sim 160$	14						5.5		3.8			
16×10	$45 \sim 180$	16						6.0	$+0.2$ 0	4.3	$+0.2$ 0		
18×11	$50 \sim 200$	18						7.0		4.4			
20×12	$56 \sim 220$	20	0 -0.052	± 0.026	-0.022 -0.074	$+0.052$ 0	$+0.149$ $+0.065$	7.5		4.9		0.40	0.60
22×14	$63 \sim 250$	22						9.0		5.4			
25×14	$70 \sim 280$	25						9.0		5.4			
28×16	$80 \sim 320$	28						10.0		6.4			

附表 13　销

圆柱销（摘自GB/T 119.1—2000）

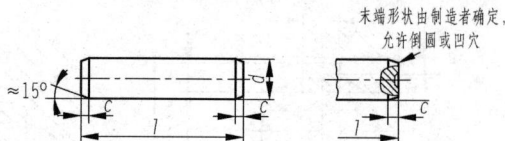

末端形状由制造者确定，
允许倒圆或凹穴

圆锥销（摘自GB/T 117—2000）

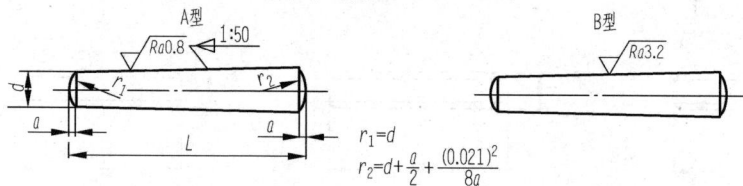

A型　$Ra0.8$　$1:50$

B型　$Ra3.2$

$$r_1 = d$$
$$r_2 = d + \frac{a}{2} + \frac{(0.021)^2}{8a}$$

开口销（摘自GB/T 91—2000）

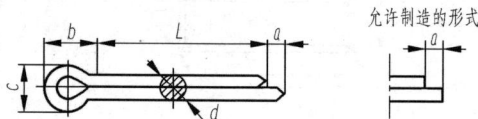

允许制造的形式

标记示例：

公称直径 $d=6$mm、公差 m6、公称长度 $l=30$mm、材料为钢、不经淬火、不经表面处理的圆柱销标记为
销　GB/T 119.1　6m6×30

公称直径 $d=6$mm、公称长度 $l=30$mm、材料为 35 钢、热处理硬度 28～38HRC、表面氧化处理的 A 型圆锥销标记为
销　GB/T 117　6×30

公称规格为 5mm、公称长度 $l=50$mm、材料为 Q215 或 Q235、不经表面处理的开口销标记为
销　GB/T 91　5×50

mm

名称	公称直径 d	1	1.2	1.5	2	2.5	3	4	5	6	8	10	12
圆柱销 GB/T 119.1	$c\approx$	0.20	0.25	0.30	0.35	0.40	0.50	0.63	0.80	1.2	1.6	2	2.5
圆锥销 GB/T 117	$a\approx$	0.12	0.16	0.20	0.25	0.30	0.40	0.50	0.63	0.80	1	1.2	1.6
开口销 GB/T 91	公称规格	0.6	0.8	1	1.2	1.6	2	2.5	3.2	4	5	6.3	8
	c	1	1.4	1.8	2	2.8	3.6	4.6	5.8	7.4	9.2	11.8	15
	$b\approx$	2	2.4	3	3	3.2	4	5	6.4	8	10	12.6	16
	a	1.6	1.6	1.6	2.5	2.5	2.5	2.5	4	4	4	4	4
	L(商品规格范围公称长度)	4～12	5～16	6～20	8～25	8～32	10～40	12～50	14～65	18～80	22～100	30～120	40～160
	l 系列	2, 3, 4, 5, 6, 8, 10, 12, 14, 16, 18, 20, 22, 24, 26, 28, 30, 32, 35, 40, 45, 50, 55, 60, 65, 70, 75, 80, 85, 90, 100, 120											

附表 14　基本偏差系列及配合种类

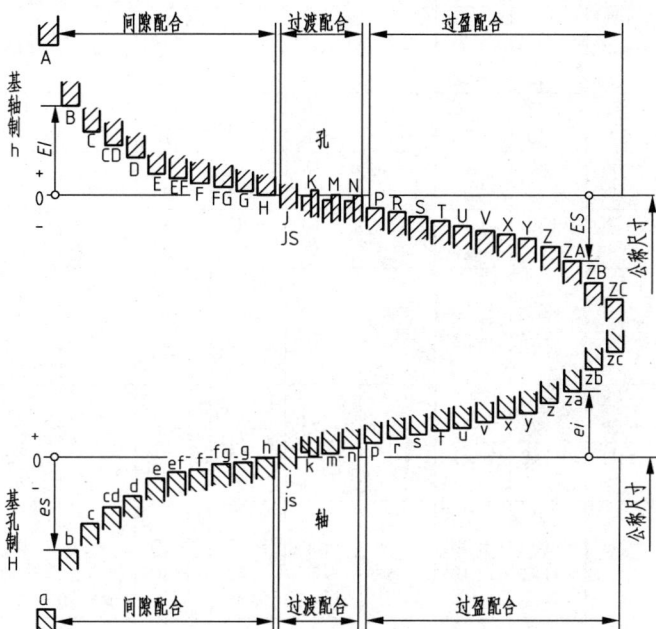

标准公差值（公称尺寸大于 6～500mm）

μm

公称尺寸 (mm)	公　差　等　级							
	IT5	IT6	IT7	IT8	IT9	IT10	IT11	IT12
＞6～10	6	9	15	22	36	58	90	150
＞10～18	8	11	18	27	43	70	110	180
＞18～30	9	13	21	33	52	84	130	210
＞30～50	11	16	25	39	62	100	160	250
＞50～80	13	19	30	46	74	120	190	300
＞80～120	15	22	35	54	87	140	220	350
＞120～180	18	25	40	63	100	160	250	400
＞180～250	20	29	46	72	115	185	290	460
＞250～315	23	32	52	81	130	210	320	520
＞315～400	25	36	57	89	140	230	360	570
＞400～500	27	40	63	97	155	250	400	630

附表 15　轴的极限偏差数值

公差带代号 公称尺寸（mm）	c 11	d 9	f 6	f 7	f 8	g 6	g 7	h 6	h 7	h 8	h 9	h 10
>0~3	−60 −120	−20 −45	−6 −12	−6 −16	−6 −20	−2 −8	−2 −12	0 −6	0 −10	0 −14	0 −25	0 −40
>3~6	−70 −145	−30 −60	−10 −18	−10 −22	−10 −28	−4 −12	−4 −16	0 −8	0 −12	0 −18	0 −30	0 −48
>6~10	−80 −170	−40 −76	−13 −22	−13 −28	−13 −35	−5 −14	−5 −20	0 −9	0 −15	0 −22	0 −36	0 −58
>10~18	−95 −205	−50 −93	−16 −27	−16 −34	−16 −43	−6 −17	−6 −24	0 −11	0 −18	0 −27	0 −43	0 −70
>18~30	−110 −240	−65 −117	−20 −33	−20 −41	−20 −53	−7 −20	−7 −28	0 −13	0 −21	0 −33	0 −52	0 −84
>30~40	−120 −280	−80 −142	−25 −41	−25 −50	−25 −64	−9 −25	−9 −34	0 −16	0 −25	0 −39	0 −62	0 −100
>40~50	−130 −290											
>50~65	−140 −330	−100 −174	−30 −49	−30 −60	−30 −76	−10 −29	−10 −40	0 −19	0 −30	0 −46	0 −74	0 −120
>65~80	−150 −340											
>80~100	−170 −390	−120 −207	−36 −58	−36 −71	−36 −90	−12 −34	−12 −47	0 −22	0 −35	0 −54	0 −87	0 −140
>100~120	−180 −400											
>120~140	−200 −450	−145 −245	−43 −68	−43 −83	−43 −106	−14 −39	−14 −54	−0 −25	0 −40	0 −63	0 −100	0 −160
>140~160	−210 −460											
>160~180	−230 −480											
>180~200	−240 −530	−170 −285	−50 −79	−50 −96	−50 −122	−15 −44	−15 −61	0 −29	0 −46	0 −72	0 −115	0 −185
>200~225	−260 −550											
>225~250	−280 −570											
>250~280	−300 −620	−190 −320	−56 −88	−56 −108	−56 −137	−17 −49	−17 −69	0 −32	0 −52	0 −81	0 −130	0 −210
>280~315	−330 −650											
>315~355	−360 −720	−210 −350	−62 −98	−62 −119	−62 −151	−18 −54	−18 −75	0 −36	0 −57	0 −89	0 −140	0 −230
>355~400	−400 −760											
>400~450	−440 −840	−230 −385	−68 −108	−68 −131	−68 −165	−20 −60	−20 −83	0 −40	0 −63	0 −97	0 −155	0 −250
>450~500	−480 −880											

（根据 GB/T 1800. 2—2008）　　　　　　　　　　　　　　　　μm

		j	js	k		m		n		p		r	s	t	u
11	12	7	6	6	7	6	7	6	7	6	7	6	6	6	6
0 -60	0 -100	+6 -4	±3	+6 0	+10 0	+8 +2	+12 +2	+10 +4	+14 +4	+12 +6	+16 +6	+16 +10	+20 +14		+24 +18
0 -75	0 -120	+8 -4	±4	+9 +1	+13 +1	+12 +4	+16 +4	+16 +8	+20 +8	+20 +12	+24 +12	+23 +15	+27 +19		+31 +23
0 -90	0 -150	+10 -5	±4.5	+10 +1	+16 +1	+15 +6	+21 +6	+19 +10	+25 +10	+24 +15	+30 +15	+28 +19	+32 +23		+37 +28
0 -110	0 -180	+12 -6	±5.5	+12 +1	+19 +1	+18 +7	+25 +7	+23 +12	+30 +12	+29 +18	+36 +18	+34 +23	+39 +28		+44 +33
0 -130	0 -210	+13 -8	±6.5	+15 +2	+23 +2	+21 +8	+29 +8	+28 +15	+36 +15	+35 +22	+43 +22	+41 +28	+48 +35		+54 +41
														+54 +41	+61 +48
0 -160	0 -250	+15 -10	±8	+18 +2	+27 +2	+25 +9	+34 +9	+33 +17	+42 +17	+42 +26	+51 +26	+50 +34	+59 +43	+64 +48	+76 +60
														+70 +54	+86 +70
0 -190	0 -300	+18 -12	±9.5	+21 +2	+32 +2	+30 +11	+41 +11	+39 +20	+50 +20	+51 +32	+62 +32	+60 +41	+72 +53	+85 +66	+106 +87
												+62 +43	+78 +59	+94 +75	+121 +102
0 -220	0 -350	+20 -15	±11	+25 +3	+38 +3	+35 +13	+48 +13	+45 +23	+58 +23	+59 +37	+72 +37	+73 +51	+93 +71	+113 +91	+146 +124
												+76 +54	+101 +79	+126 +104	+166 +144
0 -250	0 -400	+22 -18	±12.5	+28 +3	+43 +3	+40 +15	+55 +15	+52 +27	+67 +27	+68 +43	+83 +43	+88 +63	+117 +92	+147 +122	+195 +170
												+90 +65	+125 +100	+159 +134	+215 +190
												+93 +68	+133 +108	+171 +146	+235 +210
0 -290	0 -460	+25 -21	±14.5	+33 +4	+50 +4	+46 +17	+63 +17	+60 +31	+77 +31	+79 +50	+96 +50	+106 +77	+151 +122	+195 +166	+265 +236
												+109 +80	+159 +130	+209 +180	+287 +258
												+113 +84	+169 +140	+225 +196	+313 +284
0 -320	0 -520	+26	±16	+36 +4	+56 +4	+52 +20	+72 +20	+66 +34	+86 +34	+88 +56	+108 +56	+126 +94	+190 +158	+250 +218	+347 +315
												+130 +98	+202 +170	+272 +240	+382 +350
0 -360	0 -570	+29 -28	±18	+40 +4	+61 +4	+57 +21	+78 +21	+73 +37	+94 +37	+98 +62	+119 +62	+144 +108	+226 +190	+304 +268	+426 +390
												+150 +114	+244 +208	+330 +294	+471 +435
0 -400	0 -630	+31 -32	±20	+45 +5	+68 +5	+63 +23	+86 +23	+80 +40	+103 +40	+108 +68	+131 +68	+166 +126	+272 +232	+370 +330	+530 +490
												+172 +132	+292 +252	+400 +360	+580 +540

附表 16　孔的极限偏差数值

公差带代号 / 公称尺寸（mm）	A 11	B 12	C 11	D 9	E 8	F 8	F 9	G 7	H 6	H 7	H 8	H 9
>0~3	+330 / +270	+240 / +140	+120 / +60	+45 / +20	+28 / +14	+20 / +6	+31 / +6	+12 / +2	+6 / 0	+10 / 0	+14 / 0	+25 / 0
>3~6	+345 / +270	+260 / +140	+145 / +70	+60 / +30	+38 / +20	+28 / +10	+40 / +10	+16 / +4	+8 / 0	+12 / 0	+18 / 0	+30 / 0
>6~10	+370 / +280	+300 / +150	+170 / +80	+76 / +40	+47 / +25	+35 / +13	+49 / +13	+20 / +5	+9 / 0	+15 / 0	+22 / 0	+36 / 0
>10~18	+400 / +290	+330 / +160	+205 / +95	+93 / +50	+59 / +32	+43 / +16	+59 / +19	+24 / +6	+11 / 0	+18 / 0	+27 / 0	+43 / 0
>18~24	+430 / +300	+370 / +160	+240 / +110	+117 / +65	+73 / +40	+53 / +20	+72 / +20	+28 / +7	+13 / 0	+21 / 0	+33 / 0	+52 / 0
>24~30	+430 / +300	+370 / +160	+240 / +110	+117 / +65	+73 / +40	+53 / +20	+72 / +20	+28 / +7	+13 / 0	+21 / 0	+33 / 0	+52 / 0
>30~40	+470 / +310	+420 / +170	+280 / +120	+142 / +80	+89 / +50	+64 / +25	+87 / +25	+34 / +9	+16 / 0	+25 / 0	+39 / 0	+62 / 0
>40~50	+480 / +320	+430 / +180	+290 / +130	+142 / +80	+89 / +50	+64 / +25	+87 / +25	+34 / +9	+16 / 0	+25 / 0	+39 / 0	+62 / 0
>50~65	+530 / +340	+490 / +190	+330 / +140	+174 / +100	+106 / +60	+76 / +30	+104 / +30	+40 / +10	+19 / 0	+30 / 0	+46 / 0	+74 / 0
>65~80	+550 / +360	+500 / +200	+340 / +150	+174 / +100	+106 / +60	+76 / +30	+104 / +30	+40 / +10	+19 / 0	+30 / 0	+46 / 0	+74 / 0
>80~100	+600 / +380	+570 / +220	+390 / +170	+207 / +120	+126 / +72	+90 / +36	+123 / +36	+47 / +12	+22 / 0	+35 / 0	+54 / 0	+87 / 0
>100~120	+630 / +410	+590 / +240	+400 / +180	+207 / +120	+126 / +72	+90 / +36	+123 / +36	+47 / +12	+22 / 0	+35 / 0	+54 / 0	+87 / 0
>120~140	+710 / +460	+660 / +260	+450 / +200	+245 / +145	+148 / +85	+106 / +43	+143 / +43	+54 / +14	+25 / 0	+40 / 0	+63 / 0	+100 / 0
>140~160	+770 / +520	+680 / +280	+460 / +210	+245 / +145	+148 / +85	+106 / +43	+143 / +43	+54 / +14	+25 / 0	+40 / 0	+63 / 0	+100 / 0
>160~180	+830 / +580	+710 / +310	+480 / +230	+245 / +145	+148 / +85	+106 / +43	+143 / +43	+54 / +14	+25 / 0	+40 / 0	+63 / 0	+100 / 0
>180~200	+950 / +660	+800 / +340	+530 / +240	+285 / +170	+172 / +100	+122 / +50	+165 / +50	+61 / +15	+29 / 0	+46 / 0	+72 / 0	+115 / 0
>200~225	+1030 / +740	+840 / +380	+550 / +260	+285 / +170	+172 / +100	+122 / +50	+165 / +50	+61 / +15	+29 / 0	+46 / 0	+72 / 0	+115 / 0
>225~250	+1110 / +820	+880 / +420	+570 / +280	+285 / +170	+172 / +100	+122 / +50	+165 / +50	+61 / +15	+29 / 0	+46 / 0	+72 / 0	+115 / 0
>250~280	+1240 / +920	+1000 / +480	+620 / +300	+320 / +190	+191 / +110	+137 / +56	+186 / +56	+69 / +17	+32 / 0	+52 / 0	+81 / 0	+130 / 0
>280~315	+1370 / +1050	+1060 / +540	+650 / +330	+320 / +190	+191 / +110	+137 / +56	+186 / +56	+69 / +17	+32 / 0	+52 / 0	+81 / 0	+130 / 0
>315~355	+1560 / +1200	+1170 / +600	+720 / +360	+350 / +210	+214 / +125	+151 / +62	+202 / +62	+75 / +18	+36 / 0	+57 / 0	+89 / 0	+140 / 0
>355~400	+1710 / +1350	+1250 / +680	+760 / +400	+350 / +210	+214 / +125	+151 / +62	+202 / +62	+75 / +18	+36 / 0	+57 / 0	+89 / 0	+140 / 0
>400~450	+1900 / +1500	+1390 / +760	+840 / +440	+385 / +230	+232 / +135	+165 / +68	+223 / +68	+83 / +20	+40 / 0	+63 / 0	+97 / 0	+155 / 0
>450~500	+2050 / +1650	+1470 / +840	+880 / +480	+385 / +230	+232 / +135	+165 / +68	+223 / +68	+83 / +20	+40 / 0	+63 / 0	+97 / 0	+155 / 0

（根据 GB/T 1800. 2—2008）　　　　　　　　　　　　　　　　　　　μm

			JS		K		M		N		P	R	S	T	U
10	11	12	7	8	7	8	7	8	7	8	7	7	7	7	7
+40 / 0	+60 / 0	+100 / 0	±6	±7	0 / −10	0 / −14	−2 / −12	−2 / −16	−4 / −14	−4 / −18	−6 / −16	−10 / −20	−14 / −24		−18 / −28
+48 / 0	+75 / 0	+120 / 0	±6	±9	+3 / −9	+5 / −13	0 / −12	+2 / −16	−4 / −16	−2 / −20	−8 / −20	−11 / −23	−15 / −27		−19 / −31
+58 / 0	+90 / 0	+150 / 0	±7	±11	+5 / −10	+6 / −16	0 / −15	+1 / −21	−4 / −19	−3 / −25	−9 / −24	−13 / −28	−17 / −32		−22 / −37
+70 / 0	+110 / 0	+180 / 0	±9	±13	+6 / −12	+8 / −19	0 / −18	+2 / −25	−5 / −23	−3 / −30	−11 / −29	−16 / −34	−21 / −39		−26 / −44
+84 / 0	+130 / 0	+210 / 0	±10	±16	+6 / −15	+10 / −23	0 / −21	+4 / −29	−7 / −28	−3 / −36	−14 / −35	−20 / −41	−27 / −48		−33 / −54
														−33 / −54	−40 / −61
+100 / 0	+160 / 0	+250 / 0	±12	±19	+7 / −18	+12 / −27	0 / −25	+5 / −34	−8 / −33	−3 / −42	−17 / −42	−25 / −50	−34 / −59	−39 / −64	−51 / −76
														−45 / −70	−61 / −86
+120 / 0	+190 / 0	+300 / 0	±15	±23	+9 / −21	+14 / −32	0 / −30	+5 / −41	−9 / −39	−4 / −50	−21 / −51	−30 / −60	−42 / −72	−55 / −85	−76 / −106
												−32 / −62	−48 / −78	−64 / −94	−91 / −121
+140 / 0	+220 / 0	+350 / 0	±17	±27	+10 / −25	+16 / −38	0 / −35	+6 / −48	−10 / −45	−4 / −58	−24 / −59	−38 / −73	−58 / −93	−78 / −113	−111 / −146
												−41 / −76	−66 / −101	−91 / −126	−131 / −166
+160 / 0	+250 / 0	+400 / 0	±20	±31	+12 / −28	+20 / −43	0 / −40	+8 / −55	−12 / −52	−4 / −67	−28 / −68	−48 / −88	−77 / −117	−107 / −147	−155 / −195
												−50 / −90	−85 / −125	−119 / −159	−175 / −215
												−53 / −93	−93 / −133	−131 / −171	−195 / −235
+185 / 0	+290 / 0	+460 / 0	±23	±36	+13 / −33	+22 / −50	0 / −46	+9 / −63	−14 / −60	−5 / −77	−33 / −79	−60 / −106	−105 / −151	−149 / −195	−219 / −265
												−63 / −109	−113 / −159	−163 / −209	−241 / −287
												−67 / −113	−123 / −169	−179 / −225	−267 / −313
+210 / 0	+320 / 0	+520 / 0	±26	±40	+16 / −36	+25 / −56	0 / −52	+9 / −72	−14 / −66	−5 / −86	−36 / −88	−74 / −126	−138 / −190	−198 / −250	−295 / −347
												−78 / −130	−150 / −202	−220 / −272	−330 / −382
+230 / 0	+360 / 0	+570 / 0	±28	±44	+17 / −40	+28 / −61	0 / −57	+11 / −78	−16 / −73	−5 / −94	−41 / −98	−87 / −144	−169 / −226	−247 / −304	−369 / −426
												−93 / −150	−187 / −244	−273 / −330	−414 / −471
+250 / 0	+400 / 0	+630 / 0	±31	±48	+18 / −45	+29 / −68	0 / −63	+11 / −86	−17 / −80	−6 / −103	−45 / −108	−103 / −166	−209 / −272	−307 / −370	−467 / −530
												−109 / −172	−229 / −292	−337 / −400	−517 / −580

附表 17　常用的金属材料与非金属材料

	名　称	牌　号	说　明	应用举例
黑色金属	灰铸铁 GB/T 9439—2010	HT100	HT——"灰铁"代号 150——最低抗拉强度 (MPa)	属低强度铸铁。用于盖、手把、手轮等不重要零件
		HT150		属中等强度铸铁。用于一般铸件，如机床座、端盖、带轮、工作台等
		HT200		属高强度铸铁。用于较重要铸件，如汽缸、齿轮、凸轮、机座、床身、飞轮、带轮、齿轮箱、阀壳、联轴器、衬筒、轴承座等
	球墨铸铁 GB/T 1348—2009	QT450-10	QT——"球铁"代号 150——最低抗拉强度 (MPa) 10——最低伸长率（%）	具有较高的强度和塑性。广泛用于机械制造业中受磨损和受冲击的零件，如曲轴、汽缸套、活塞环、摩擦片、中低压阀门、千斤顶座等
		QT500-7		
		QT600-3		
	铸钢 GB/T 11352—2009	ZG200-400	ZG——"铸钢"代号 200——最低屈服强度 (MPa) 400——最低抗拉强度 (MPa)	用于各种形状的零件，如机座、变速箱壳等
		ZG270-500		用于各种形状的零件，如飞轮、机架、水压机工作缸、横梁等
		ZG310-570		用于各种形状的零件，如联轴器、汽缸、齿轮及重负荷的机架等
	碳素结构钢 GB/T 700—2006	Q215-A	Q——"屈"字代号 215——材料的屈服强度 (MPa) A——质量等级	塑性大、抗拉强度低、易焊接，用于铆钉、垫圈、开口销等
		Q235-A		有较高的强度和硬度，伸长率也相当大，可以焊接，用途很广，是一般机械上的主要材料，用于低速轻载齿轮、键、拉杆、钩子、螺栓等
		Q275		
	优质碳素结构钢 GB/T 699—2015	15	15——平均含碳量（质量分数）（万分之几）	塑性、韧性、焊接性能和冷冲压性能均极好，但强度低，用于螺钉、螺母、法兰盘、渗碳零件等
		35		不经热处理可用于中等载荷的零件，如拉杆、轴、套筒、钩子等；经调质处理后适用于强度和韧性要求较高的零件，如传动轴等
		45		用于强度要求较高的零件，如齿轮、机床主轴、花键轴等
		15Mn	15——同上 Mn——含锰量较高	其性能与 15 钢相似，渗碳后淬透性、强度比 15 钢高
		45Mn		用于受磨损的零件，如转轴、心轴、齿轮、花键轴等

续表

名　称	牌号	说　明	应用举例
普通黄铜 GB/T 5231—2012	H59	H——"黄"铜的代号 59——基本元素铜的含量 （质量分数）（％）	用于热轧、热压零件，如套管、螺母等
	H68		用于复杂的冷冲零件和深拉伸零件，如弹壳、垫座等
	H95		用于散热器和冷凝器管子等
铸造锡青铜 GB/T 1176—2013	ZCuSn5Pb5Zn5	Z——"铸造"代号 锡青铜是锡和铜的合金。ZCuSn5Pb5Zn5 表示含锡 4％～6％，锌 4％～6％，铅 4％～6％	用于轴瓦、衬套、缸套、油塞离合器、蜗轮等中等滑动速度下工作的耐磨、耐腐蚀零件
铸造铝合金 GB/T 1173—2013	ZAlSi5Cu1Mg	Z——"铸"造代号 Al——基本元素铝元素符号 Si5——硅含量 4.5％～5.5％	用于风冷发电机的汽缸头、机闸、油泵体等 225℃以下工作的零件
	ZAlCu4	Cu4—铜含量 4％～5％	用于中等载荷、形状较简单的 200℃以下工作的小零件
尼龙	尼龙 6	6、66 为顺序号，66 比 6 的力学性能和线膨胀系数高	力学性能高，韧性好，耐磨、耐水、耐油，用于一般机械零件、传动件及减摩、耐磨件，如齿轮、蜗轮、轴承、丝杠、螺母、凸轮、风扇叶轮、螺钉、垫圈等。其特点是运转时噪声小
	尼龙 66		
耐油橡胶板 GB/T 5574—2008	3707	37、38——顺序号 07——拉伸强度（MPa）	用于在一定温度的机油、变压器油、汽油等介质中工作的零件，冲制各种形状的垫圈
	3807		

左侧竖排：有色金属 / 非金属

参 考 文 献

［1］ 金大鹰. 机械制图. 3 版. 北京：机械工业出版社，2011.

［2］ 才家刚. 图解常用量具的使用方法和测量实例. 北京：机械工业出版社，2007.

［3］ 曾明华，梁萍. 机械工程制图实验教程. 成都：西南交通大学出版社，2006.

［4］ 姜蕙. 机械制图装配体测绘. 北京：机械工业出版社，1999.

［5］ 赵国增. 计算机辅助绘图与设计. 北京：机械工业出版社，2014.

［6］ 赵灼辉. 电力工程制图与 CAD. 北京：中国电力出版社，2007.